高等职业教育新目录新专标电子与信息大类教材

U0192499

公有云服务架构与运维

主　编　王　军　国海涛

副主编　杜玉霞　曹福德　董　娜

马　欣　李　玲

电子工业出版社

Publishing House of Electronics Industry

北京·BEIJING

内容简介

本书是一本关于公有云技术技能的专业教材。读者通过学习本书，能够掌握公有云的发展历史、部署模式、系统架构、产品服务及基本运维等知识与技术技能，为相关专业学习奠定坚实基础。

全书共 8 个单元。单元 1 走进公有云；单元 2 公有云的弹性计算能力；单元 3 在云上存储数据；单元 4 了解虚拟网络；单元 5 云数据库；单元 6 云上安全防护；单元 7 公有云运维管理；单元 8 企业上云最佳实践，每单元均附有习题。

本书可作为职业教育计算机类云计算技术应用、云计算技术、大数据技术应用、大数据工程技术、人工智能技术应用、人工智能等专业的专、本科生学习云计算课程的教材。

图书在版编目（CIP）数据

公有云服务架构与运维/王军，国海涛主编. —北京：电子工业出版社，2023.12
ISBN 978-7-121-46876-6

Ⅰ.①公… Ⅱ.①王… ②国… Ⅲ.①云计算—高等学校—教材 Ⅳ.①TP393.027

中国国家版本馆 CIP 数据核字（2023）第 241866 号

责任编辑：贺志洪
印　　刷：三河市华成印务有限公司
装　　订：三河市华成印务有限公司
出版发行：电子工业出版社
　　　　　北京市海淀区万寿路 173 信箱　邮编：100036
开　　本：787×1092　1/16　　印张：14.75　　字数：377.6 千字
版　　次：2023 年 12 月第 1 版
印　　次：2025 年 1 月第 2 次印刷
定　　价：48.00 元

前　言

在互联网时代，为了实现服务快速的迭代和更好的弹性伸缩，以及保证数据和运行的安全，软件应用不应再采用传统的私有架构方式，而应使用公有云服务的方式来实现应用系统的部署和快速上线。

与传统部署私有服务器的方式相比，公有云服务可拥有低廉的价格，提供有吸引力的服务给最终用户，创造新的业务价值。在后期维护方面，传统的私有服务器集群需要专业的人员进行维护，在保证数据和运行安全的情况下需要花费更多的成本，在公有云平台服务中，只需要拥有一定操作知识的管理员即可，其他关于服务的维护可交由公有云服务来支持。

个人或企业可以通过普通的互联网来获取云计算服务，公有云中的"服务接入点"负责对接入的个人或企业进行认证、判断权限和服务条件等，通过"审查"的个人和企业，就可以进入公有云平台并获取相应的服务。公有云平台负责组织协调计算资源，并根据用户的需要提供各种计算服务。公有云管理对"公有云接入"和"公有云平台"进行管理监控，它面向的是端到端的配置、管理和监控，为用户获得更优质的服务提供了保障。

本书较全面地介绍了云计算的由来和发展，以及公有云的优点、优势、使用场景与操作方法；对公有云中不同的服务功能、特点进行了介绍，并结合实操案例，介绍了公有云平台服务的购买、使用以及配置操作，为读者提供了完整的公有云操作使用指南。

1. 本书面向的读者

（1）高职院校或职教本科计算机或电子信息大类专业的学生。

（2）云计算、服务架构领域的初级从业人员。

（3）对公有云服务与服务架构有兴趣并有志从事该领域工作的人。

2. 本书的主要内容

单元 1 对云计算的发展历史、概念、优势、服务类型以及核心技术做了介绍，并通过实操案例介绍了公有云运维的操作方式。

单元 2 对云服务器的类型、价格、购买、应用场景；容器服务 Kubernetes 的基本功能和架构及弹性伸缩的功能和使用场景做了介绍，并通过实操案例介绍了应用的部署和服务的使用。

单元 3 对存储服务的块存储、对象存储、文件存储三种存储类型的基本概念和主要功能做了详细介绍，并通过实操案例介绍了这三种存储类型服务的应用场景。

单元 4 对公有云专用网络、弹性公网 IP、负载均衡做了详细的介绍，并通过实操案例介绍了如何使用弹性公网 IP 和负载均衡。

单元 5 介绍了云数据库的优势和高可用架构，以及 Redis 数据库的功能及应用场景，并通过实操案例介绍了云数据库的创建、初始化和连接操作。

单元 6 对公有云安全防护、云防火墙、SSL 证书服务、应用防火墙、身份和访问控制做了详细的介绍，并通过实操案例介绍如何使用公有云安全防护功能。

单元 7 介绍公有云运维管理知识，包括云监控、运维事件中心、日志服务和 Prometheus 监控服务内容。

单元 8 对企业业务上云的作用、业务使用场景及最佳实践进行了详细介绍。

编者

目　　录

单元 1　走进公有云

学习目标

　　现如今，云计算发展如火如荼，特别是在 2020 年国家出台政策大力推动新基建以来，云计算作为新形势下 IT 基础设施提供者越来越受到社会各界的广泛关注。互联网及 IT 技术的不断发展，使得云计算技术已经广泛存在于人们生活的各个领域，作为教育领域的各个学校，有计划地开展云计算教学工作，特别是云计算的基本知识是很有必要的。

　　通过本单元的学习，读者可以了解云计算的起源和发展过程，从而理解云计算的概念；接着在学习云计算的特点基础之上去了解现阶段云计算提供的多种服务类型，从而能够更好地加深云计算概念的认知和云计算所能发挥的价值；之后了解典型的公有云平台，走进公有云的世界，认识阿里云的产品、解决方案、云市场的知识；最后，了解公有云的基本部署和技术架构，学习并了解与云计算相关的关键技术。

1.1　云计算介绍

什么是云计算？

任务场景

　　小周在学校里主修的是计算机科学与技术专业，今年进入大四的学习生活，他对自己未来的职业规划是希望在毕业后能从事公有云计算方面的工作，但是他目前仍对云计算领域的相关知识很陌生。小周获知在正式学习公有云知识之前，完整全面地学习和掌握云计算、公有云相关技术发展由来与基本概念是必需的。在本任务中，具体学习内容包括如下 4 个方面：

1. 了解云计算的发展历史。
2. 掌握云计算的基本概念、功能与产品优势。
3. 掌握云计算的服务模式和部署模式。
4. 熟悉公有云的主要平台及特点。

1.1.1　云计算的由来

　　"云计算"一词最早被提出大约在 2006 年，时年 8 月间，在美国加州圣何塞举办的 SES（搜索引擎战略）大会上，当时的谷歌（Google）公司首席执行官在回答一个有关互联网技术发展的问题时，首先提出了"云计算"这个概念。之后没过多久，美国亚马逊（Amazon）公司率先在 IT 界推出了 EC2 计算云服务。自此，云计算正式诞生，从那时开始各种有关"云计算"的概念便层出不穷，并且变得越来越流行。

近年来，云计算已逐渐成为一个非常热门的词汇，其具体含义众说纷纭，但任何一种新兴技术都不是一蹴而就出现的，而是过去 IT 技术和计算模式不断发展和进步的一种结果呈现。

云计算的出现并非偶然，早在 20 世纪 60 年代，麦卡锡就提出了计算能力作为一种像水和电一样的公用事业提供给用户的理念，这成为云计算思想的起源。在 20 世纪 80 年代网格计算，90 年代公用计算，21 世纪初虚拟化技术、存储网络、SOA、SaaS 应用的支撑下，云计算作为一种新型的资源使用和应用交付模式逐渐被学界和产业界所认知。

如图 1-1 所示，继微型机、互联网之后，云计算被看作第三次 IT 浪潮，它将带来生活、生产方式和商业模式的根本性变革，成为当前全球全社会关注的热点。

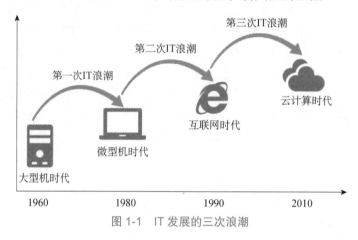

图 1-1　IT 发展的三次浪潮

云计算是继 1980 年大型计算机到客户端-服务器的大转变之后的又一次巨变。云计算是分布式计算（Distributed Computing）、并行计算（Parallel Computing）、效用计算（Utility Computing）、网络存储（Network Storage Technologies）、虚拟化（Virtualization）、负载均衡（Load Balance）等传统计算机和网络技术发展融合的产物。

通过使计算分布在大量的分布式计算机上，而非本地计算机或远程服务器中，企业数据中心的运行将与互联网更相似。这使得企业能够统一提供基础 IT 资源，快速地供给所需要的应用，应用按需访问计算、网络和存储资源。

从 2006 年发展至今，云计算技术经历了多个阶段，第一个阶段是单纯的虚拟化时代，这个时期可以说是先有虚拟化再有云计算，诞生出很多伟大的虚拟化技术解决方案，比如 VMware、KVM、Xen 等技术，其中 VMware 是研发较早的技术，在计算、网络、存储等三大资源虚拟化上都做得很好，后来 VMware 所在公司被美国公司 DELL EMC 收购，但该公司旗下的各种虚拟化技术都是闭源的，其他公司想使用他们的产品，就需要为解决方案付钱。随着时间推移，VMware 技术公司一家独大，占领了全世界很大的市场份额，这自然引起其他技术公司的觊觎，此后 RedHat 联合 IBM 推出 KVM，KVM 一经退出，迅速受到学术界和企业界的欢迎，随后不久 KVM 模块的源代码被正式纳入 Linux Kernel，成为内核源代码的一部分。第二个阶段是进入全面软件定义时代，软件定义存储、软件定义网络帮助虚拟机连接网络和挂载存储，在这个阶段，各种 IaaS 软件层出不穷，大大推动了云计算的发展。再往后，云计算能够提供更多的是平台服务，摆脱了物理资源和物理空间的限制，其直接面向服务进行全方面、立体的编程、运维和管理，云计算的发展走上了快车道。2010年起，随着 OpenStack 和 KVM 等开源技术的发展和应用，云计算在生产环境中的实际案例越来越多，短短几年迅速发展达到巅峰，百家争鸣，风光一时无二。

1.1.2　云计算的概念

云计算是建立在计算、存储和网络虚拟化技术基础上的、通过 Internet 云服务平台向租户按需分配计算能力、数据库存储、应用程序和其他 IT 资源的一种计算模式，云计算继承了虚拟化带来的各种特点。

随着时间的推移，云计算在国内、国外的发展如火如荼，云上案例层出不穷，但很多人对云计算的具体概念莫衷一是、众说纷纭。

企业界、学术界关于云计算定义的争论，自云计算概念诞生开始就从未停止过，截至目前都没有一个权威的定义，但其中美国国家标准与技术研究院（National Institute of Standards and Technology，NIST）信息技术实验室所给出的云计算定义比较中性和系统，即被定义为：云计算是一种基于网络的、可配置的共享计算资源池，能够方便地随需访问的一种模式。这些可配置的共享资源计算池包括网络、服务器、存储、应用和服务。

美国国家标准与技术研究院定义云计算是一种按使用量付费的模式，这种模式提供可用的、便捷的、按需的网络访问，进入可配置的计算资源共享池（资源包括网络、服务器、存储、应用软件和服务），这些资源能够被快速提供，只需要投入很少的管理工作，或与服务供应商进行很少的交互。一种在业界达成共识的理论这么认为：云计算在狭义上指 IT 物理基础设施的交付和使用模式，在传统计算模式下，IT 资源的提供是以物理资源形式交付的，而云计算可以通过网络以按需的形式获得资源。而广义上，云计算是一种服务的使用模式，它通过网络以按需的形式获得各种服务。如图 1-2 所示是云计算生态示意图。

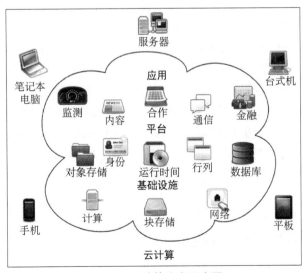

图 1-2　云计算生态示意图

从物理视角来看，"云计算"由一个或者多个数据中心内的服务器、存储以及网络设备集群来构成,而云计算的基础,就是数据中心的虚拟化,即以云操作系统为引擎,先以"多虚一"技术构筑统一计算、存储、网络资源池,再以"一虚多"技术将资源池按需指配给每个云租户及其业务应用,如图 1-3 所示。

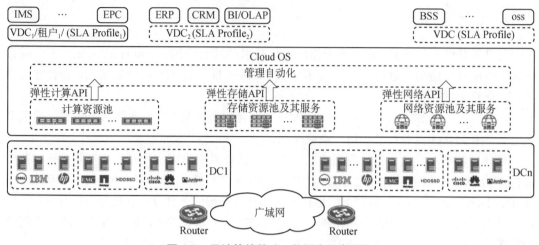

图 1-3　云计算的基础:数据中心虚拟化

1.1.3　云计算的价值和优势

在了解了云计算的发展历史和云计算具体定义后,毋庸置疑的是云计算的出现使物理资源的服务提供商和最终用户都受益匪浅。

云计算的价值
与优势

我们举例来说,小张和小王都是某高校的计算机协会在校大学生,所在计算机协会计划举办公益短视频大赛,为期三个月,委托小张和小王开发赛事网站,这个网站要支持注册账户、上传及播放视频、评论、投票、排行榜等功能。如果是在云计算诞生之前,则开发网站需要配置服务器、部署机器、申请网络、注册域名、配置软件到网站开发和上线等一系列复杂的工作和流程。

有了云计算,这些物理资源的购买或租用就不复存在,只需几分钟就可通过云计算获取云主机,不用关心云主机在什么城市,部署在哪个机房和机柜,只需通过网络便可获取 CPU、内存、网络和存储等资源,从而避免采购服务器和存储设备。

云主机诞生在数据中心内,通过大量服务器结合虚拟化技术组合成资源池,每个用户拥有独立的资源,但不同的用户可能会共享同一资源池,甚至是同一物理服务器,从而充分利用资源,避免闲时浪费。更重要的是,云主机是按需计费的,CPU、内存、存储和网络,根据需要,选择合适规格去按月(甚至是小时、分钟)付费,大大降低了使用成本。

可以说云计算改变了普通企业和用户获取 IT 基础资源的方式,对购买、开发和运维模式产生巨大影响。云计算的基本特征包括以下几方面。

1. 做按需自助的服务

消费者可以按需部署处理能力,如服务器时间和网络存储,而不需要与每个服务供应商进行人工交互。

2. 广泛的网络接入

云计算支持用户在任意位置使用各种终端获取应用服务。所请求的资源来自"云",而不是固定的有形的实体。应用在"云"中某处运行,但实际上用户无须了解,也不用担心应用运行的具体位置。只需要一台笔记本电脑或者一部手机,就可以通过网络服务来实现需要的一切,甚至包括超级计算这样的任务。

3. 资源池化

计算资源(如存储、处理能力、内存、网络带宽、虚拟机、通用软件等)被整合为资源池,以多租户的模式服务于各种用户。各种计算资源,包括 CPU、存储、内存和网络带宽都被整合为统一的资源池,用户无须知道云上的软件、应用或服务运行的具体位置,因为用户所请求的资源都来自"云",它们并不是固定的、有形的物理实体。在物理上,资源以分布式的共享方式存在,但最终在逻辑上以单一整体的形式呈现给用户。不同的物理和虚拟资源可根据用户的需求进行动态分配。用户一般不能控制或者没有必要知道所使用的资源的确切地理位置,但在需要的时候用户可以根据业务的 ACL 指定资源位置(如哪个国家、哪个数据中心、哪些服务器和存储等)。

4. 快速弹性伸缩

采用云计算的企业或是个人,可以根据所开发应用业务的访问量,随时增加、减少IT 基础设施,包括 CPU、存储、网络带宽等,这样就使 IT 基础设施的规格可以按需动态伸缩,可以满足用户规模变化带来的资源需要。服务商的计算能力能够快速而弹性地实现供应。对服务商而言,它可以根据访问用户的多少,增减相应的 IT 资源(包括 CPU、存储、网络带宽、软件应用等),使得 IT 资源的规模可以动态伸缩,满足应用和用户规模变化的需要。对用户来说,可以获得的资源看起来似乎是无限的,可在任何时间申请/购买任何数量的资源。

5. 可计量服务

云系统以适用于不同服务类型的抽象层面的计量能力来收取/结算费用(通常是按照使用量来计费的,例如按照存储、处理能力、网络带宽和活跃用户数量),以自动化实现对于资源使用的控制和优化。系统资源的监控和报告对于服务提供商和服务消费者来说都是透明化的。即付即用的方式已广泛应用于计算、存储和网络宽带等云计算服务中。例如,亚马逊的 AWS 就是按照用户所使用的虚拟机的时间来进行付费的(以小时为单位),而国内的阿里云同样可以提供给用户精准的按需付费模式,甚至可以精确到分钟级别。

1.1.4 云计算的服务类型

我们知道云计算的形式中有一种叫公有云,通过公有云可以获取 IT 基础设施,以虚拟机的形式交付给使用者。那么什么是基础设施呢?实际上,计算、存储、网络等原始资源就是典型的基础设施资源,通过网络对外提供服务,比如 CPU、内存、磁盘和网络带宽。

云计算的主要
服务类型

云计算的典型特征是将传统的、可见的物理 IT 资源、软件通过网络,以服务的形式交付给企业和用户。此时，云计算就好比一家自来水厂、发电厂，网络好比水管、线路，只不过这个自来水厂或发电厂对外提供的是 IT 资源或服务。

1. 服务模式

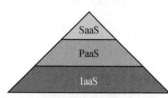

图 1-4　云计算服务模式

根据用户或企业的不同需求，云计算可提供的服务和产品花样繁多，但是归根到底不外乎三种服务类型。从服务模式来看，云计算提供的服务一般分为基础设施即服务（IaaS）、平台即服务（PaaS）和软件即服务（SaaS）3 类，如图 1-4 所示。

IaaS 是将基础设施中的计算、存储、网络资源作为一种服务交付给用户。PaaS 是将软件研发的平台（环境）作为一种服务交付给用户。SaaS 是将应用程序作为一种服务交付给用户。如图 1-5 所示为云计算服务的 3 种模式。

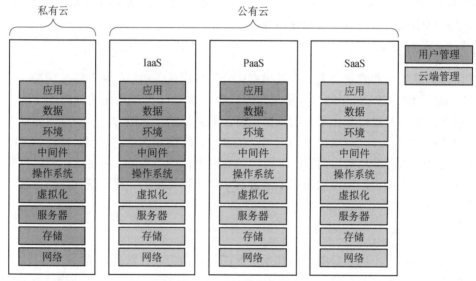

图 1-5　云计算服务模式

● 基础设施即服务，英文为 Infrastructure as a Service，缩写为 IaaS。云计算将基础设施以服务提供出去，IaaS 位于云计算三层服务的底端，它的典型例子就是美国亚马逊的 EC2 服务，以及国内阿里云的 ECS。用户通过云管理页面创建一台 EC2 虚拟机，可以直接通过浏览器或 SSH 客户端登录虚拟机控制台，这样用户不再需要购买物理服务器、架设网络、安装操作系统等烦琐的 IT 运维工作。IaaS 一般包括服务器、虚拟化、存储、网络等。厂商有亚马逊、微软、谷歌、阿里、华为等。

● 平台即服务，英文为 Platform as a Service，缩写为 PaaS。PaaS 位于云计算三层服务的中间。通过 PaaS 可以为企业、用户或其他开发者提供基于网络的应用开发和运行环境，其中还包括应用程序接口和其相关的运行平台等，PaaS 可以支持自动化实现应用程序的打包、部署和运行，从而大大提升了应用开发效率。PaaS 实际上是指将软件研发的平台作为一种服务，以 SaaS 的模式提交给用户，如云数据库、Docker 容器、DevOps 持续集成环境等。厂商有亚马逊、微软、谷歌、脸书（FaceBook）、阿里、华为等。目前 PaaS 平台以 Docker 容器技术为核心，构建 PaaS 服务。

● 软件即服务，英文为 Software-as-a-Service 缩写为 SaaS。它是一种通过互联网提供软件的服务模式，用户无须购买软件，而是向供应商租用基于 Web 的软件，来管理企业经营活动，如邮箱、网站、社交等。SaaS 位于云计算服务的顶层，主要面向使用软件的终端用户。举例来说，我们日常使用计算机时，都会通过浏览器访问网页，软件开发商将软件功能封装成服务嵌入网页中，当你在和网页上某一功能交互时，并不用将软件安装到本地计算机中，而是通过在线方式执行编辑、保存。对于用户，不必关心任何技术细节。SaaS 可以使任何服务器上的应用都可以通过网络来运行。

2. 部署方式

从部署方式来看，云计算一般分为公有云、私有云和混合云 3 大类，如图 1-6 所示。

● 公有云（Public Cloud），是指运营者建设用以提供给外部非特定用户的公共云服务平台。

● 私有云（Private Cloud），仅为单一客户提供服务，其数据中心软硬件的所有权为客户所有，能够根据客户的特定需求在设备采购、数据中心构建方面做定制，并满足在合规性方面的要求。

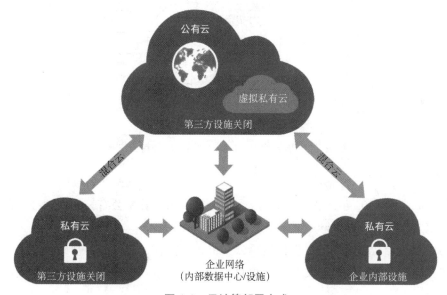

图 1-6　云计算部署方式

● 混合云（Hybrid Cloud），即公有云与私有云的结合，可公开的信息与应用运行于公有云上，而敏感信息与应用运行于私有云上，根据需求调节资源的分配，从而最大化均衡效率与安全。

1.1.5　典型公有云平台介绍

云计算按照部署方式可以划分为公有云、私有云和混合云。公有云又

典型的公有
云平台

称公共云，通常指第三方云提供商为企业或用户提供的能够按需、随时使用的云，公有云一般可通过互联网（私有云则通过内部网络）访问使用，公有云的核心属性是共享资源服务。

由于云计算技术范围广泛，目前国内外各大 IT 企业提供的云计算解决方案及公有云平台主要根据各自厂商的特点呈现给用户。下面对几个业界主流的公有云平台做一下介绍。

1. 阿里云计算平台

早在 2009 年，阿里巴巴就独具慧眼，率先在国内成立了独立的阿里云部门，阿里云一开始只对内服务于其自身的电商业务，如淘宝、天猫等，后面几年阿里巴巴不计成本地持续投入到云计算的研发中，直到 2011 年，阿里云正式开始对外销售云服务。

今天的阿里云在亚太地区表现极其亮眼，据艾瑞咨询提供的《2021 年中国基础云服务行业数据报告》（参考文献[1]），阿里云稳居中国公有云 IaaS 市场第一，2020 年中国 IaaS 公有云其市场份额达到了 38.5%，如图 1-7 所示。

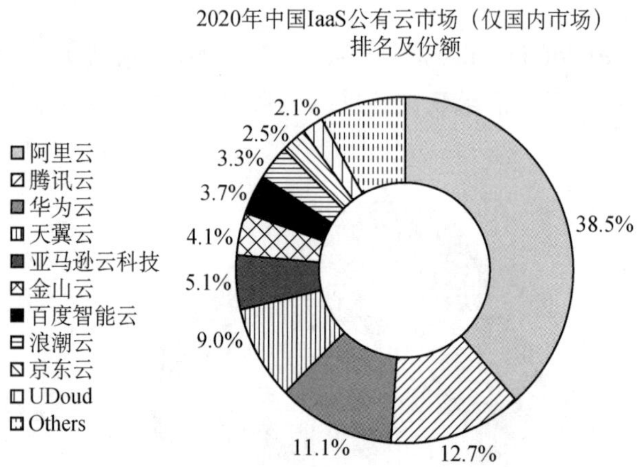

2020年中国IaaS公有云市场（仅国内市场）排名及份额

图 1-7 艾瑞咨询 2020 年中国 IaaS 公有云市场

2. 华为云计算平台

华为云成立于 2005 年，隶属于华为公司，专注于云计算中公有云领域的技术研究与生态拓展，致力于为用户提供一站式云计算基础设施服务。

华为云立足于互联网领域，提供包括云主机、云托管、云存储等基础云服务、超算、内容分发与加速、视频托管与发布、企业 IT、云会议、游戏托管、应用托管等服务和解决方案。

华为云通过基于浏览器的云管理平台，以互联网线上自助服务的方式，为用户提供云计算 IT 基础设施服务。云计算的最大优势在于 IT 基础设施资源能够随用户业务的实际变化而弹性伸缩，用户需要多少资源就用多少资源，通过这种弹性计算的能力和按需计费的方式可有效帮助用户降低运维成本。

3. 腾讯云计算平台

2010 年腾讯云初具雏形，3 年后腾讯正式推出云服务业务，此后腾讯云先后面向国内市场推出云服务器、云监控、CDN、云数据库和弹性引擎等多种云服务。截至目前，腾讯云在国内多个大中型城市建立了大规模的数据中心，同时还在欧洲和北美也设立了数据中心，以满足和增强全球客户的云上体验和服务能力。

据知名调研机构 IDC 发布的《中国公有云服务市场 2021 上半年跟踪》报告，2021 年上半年中国公有云服务整体市场规模（含 IaaS/PaaS/SaaS）达到 123.1 亿美元，其中腾讯云的市场份额连续多年实现持续增长，已位居中国公有云市场前三。腾讯云凭借多年在国内、国外的市场耕耘，已经逐渐拥有深厚的基础架构，并且有着多年对海量互联网服务的经验，特别是在其优势技术领域，如社交、游戏，具备富有竞争力的成熟产品来提供产品服务，取得了良好的市场表现。

腾讯云不管是在社交、游戏还是在其他领域，都有运营多年的成熟产品来提供服务。腾讯云在云端完成重要部署，为开发者及企业提供云服务、云数据、云运营等整体一站式服务方案。

腾讯云提供的服务具体包括云服务器、云存储、云数据库和弹性 Web 引擎等基础云服务，腾讯云分析（MTA）、腾讯云推送（信鸽）等腾讯整体大数据能力，以及 QQ 互联、QQ 空间、微云、微社区等云端链接社交体系。正是这些可以提供给这个行业的差异化优势，造就了可支持各种互联网使用场景的高品质的腾讯云技术平台。

4. 谷歌的云计算平台

谷歌是全球最大的搜索引擎服务提供商，拥有巨量的客户群和成熟的技术研发力量。谷歌在云计算领域可谓百花齐放，App Engine 是谷歌基于谷歌数据中心开发的、托管网络应用程序的平台，支持 Java 和 Python 语言。Cloud Storage 是谷歌的另一个类似于亚马逊（Amazon S3）的企业级云服务。如今，谷歌更是推出了自己的云存储谷歌 Drive。

谷歌的硬件条件优势，大型的数据中心、搜索引擎的支柱应用，促进谷歌云计算迅速发展。谷歌的云计算主要由 MapReduce、谷歌文件系统（GFS）、BigTable 组成。它们是谷歌内部云计算基础平台的 3 个主要部分。谷歌还构建其他云计算组件，包括一个领域描述语言以及分布式锁服务机制等。Sawzall 是一种建立在 MapReduce 基础上的领域语言，专门用于大规模的信息处理。Chubby 是一个高可用、分布式数据锁服务，当有机器失效时，Chubby 使用 Paxos 算法来保证备份。

5. 亚马逊（Amazon）的弹性计算云

亚马逊是互联网上最大的在线零售商，为了应对交易高峰，不得不购买了大量的服务器。而在大多数时间，大部分服务器闲置，造成了很大的浪费，为了合理利用空闲服务器，亚马逊建立了自己的云计算平台弹性计算云 EC2（Elastic Compute Cloud），并且是第一家将基础设施作为服务出售的公司。

美国亚马逊旗下公有云服务，最著名的莫过于 Amazon Web Services（简称 AWS）。早在 2006 年，亚马逊公司率先在全球提供了弹性计算云 EC2（Elastic Computing Cloud）和简单存储服务 S3（Simple Storage Service）。

截至目前，亚马逊 AWS 提供的服务种类覆盖范围最广，根据亚马逊 AWS 官网所列举的近乎超过 100 项各类服务，涉及范围包括计算、存储、网络、数据库、应用服务、部署、管理、开发工具等，但其中最受欢迎的产品仍然是 Amazon 弹性计算云 EC2 和简单存储服务 S3。

亚马逊将自己的弹性计算云建立在公司内部的大规模集群计算的平台上，而用户可以通过弹性计算云的网络界面去操作在云计算平台上运行的各个实例（Instance）。用户使用实例的付费方式由用户的使用状况决定，即用户只需为自己所使用的计算平台实例付费，运行结束后计费也随之结束。这里所说的实例即是由用户控制的完整的虚拟机运行实例。通过这种方式，用户不必自己去建立云计算平台，节省了设备与维护费用。

1.2 公有云的关键技术

任务描述

在对云计算、公有云的发展历史、基本概念、功能以及主要平台特点有了初步学习之后，小周已经对云计算的基础知识有了一定的了解，但有了基础知识，还需进一步学习公有云的关键技术，比如云计算的基础架构、虚拟化技术等。

在本任务中，通过了解云计算架构可以快速建立起云计算在实际应用中的技术结构，而虚拟化技术是云计算乃至公有云计算的底层核心技术，在学习并掌握了这两种关键技术后，再学习资源调度在实际工作中是如何应用的，以及并行计算的技术原理。

1.2.1 公有云基本架构

云计算正式进入公众视野基本是从公有云开始的，公有云是企业或个人用户最常用的一种云服务提供方式，当前国内外最大几个公有云厂商，包括阿里云、亚马逊 AWS、华为云和腾讯云都面向市场提供公有云服务。

公有云的基本架构

1. 部署架构

在公有云部署架构中，一般按照层级进行划分，首先是区域（Region），每个区域在地理上分布在不同城市，甚至是不同国家，它们之间完全独立、隔离，并且在不同区域可以实现相应等级的容错能力和稳定性。我们以阿里云的云部署为例，阿里云在全球总计运营 25 个公共云中心地域、80 个可用区，通过大量物理服务器组成的集群可以为不同的云计算业务提供稳定支撑。

2. 云计算基础架构

各个公有云服务提供商虽然其各自的技术有差异，但公有云的整体构建趋势基本上是一致的，也就是经历自下而上的过程。

通过前面的知识学习，我们知道云计算的服务资源类型可以划分为基础设施即服务（IaaS）、平台即服务（PaaS）、软件即服务（SaaS）。

从本质上看，云服务器或虚拟机可以被看作是一台位于云端的计算机，因此云计算系统架构与传统物理计算机具有可比性，如图 1-8 中描述的是云计算系统的层次化架构，在云底层是云基础设施，在云计算中不但涉及物理资源，还有一类更重要的虚拟资源，这些基础设施以"资源池"的形式存在，实现给企业或个人用户按需分配。

图 1-8　云计算系统的层次化架构

在云基础设施之上，是云操作系统层，云操作系统一般指建立于计算、存储、网络等基础设施资源之上的一种管理大量的基础硬件、软件资源的云平台综合管理系统。同传统个人 PC 一样，需要一个操作系统来负责管理硬件资源，以及对安装在操作系统中的上层应用软件的支持，但与传统 PC 上的操作系统不同的是，云操作系统对底层云基础设施的管理更加复杂。

云操作系统之上是云软件层，包括云应用软件层和云系统软件层。首先看云系统软件层，云系统软件与传统 PC 下的操作系统类似，比如对虚拟机来说，云系统软件层提供的"硬件"环境和操作系统等资源与传统 PC 下的操作系统基本相同，因此在云操作系统层之上，同样可以部署在传统 PC 系统中相同的应用程序，例如 Web 应用软件、数据库、办公软件等。

云应用软件层位于整个云计算系统架构的最上层，作为用户使用云计算的窗口，在这一层可以运行用户所需的各种应用软件。

1.2.2　虚拟化技术

云计算及背后的虚拟化技术，特别是计算、存储及网络虚拟化是企业重要业务数字化运营的基石。

虚拟化技术

我们把云计算认为是一种新型计算、部署及服务模式，因为通过云计算将 IT 基础设施等资源作为一种可交付的服务，而虚拟化则和云计算不一样。

虚拟化的含义很广泛。将任何一种形式的资源抽象成另一种形式的技术都是虚拟化。在计算机方面，虚拟化一般指通过对计算机物理资源的抽象，提供一个或多个操作环境，实现资源的模拟、隔离或共享等。

虚拟化与云计算的关系为：

➢ 虚拟化的重点是对资源的虚拟，比如将一台大型的服务器虚拟成多台小的服务器。

➢ 云计算的重点是对资源池中的资源（可以是经过虚拟化后的）进行统一的管理和调度。

虚拟化泛指一种互联网技术。在虚拟化技术被发明之前的年代里，各种大型企业需要部署及维护大量的计算服务器用来支撑高速增长的业务及数据量，但是由于传统 X86 服务器的诸多限制及业务模式，每台服务器可能利用率很低，甚至只能以其真实物理容量的一小部分运行，这样就造成资源的极大浪费，有了虚拟化技术，可以利用虚拟化软件来模拟硬件功能并在物理资源之上创建各种虚拟计算机系统。简单来说，采用虚拟化，企业或个人用户可以在一台物理服务器上模拟出多个独立的虚拟服务器来运行程序。

云计算所涉及的虚拟化，范围包括所有的 IT 基础设施资源，将计算、存储、应用和网络设备等进行连接，由云计算平台（如公有云平台）进行统一调度管理。一般虚拟化技术包括以下几种类型。

1. 服务器虚拟化

所谓服务器虚拟化是指将一台物理服务器模拟成多个虚拟服务器，这些虚拟服务器之上可以安装不同的操作系统，系统中可以执行用户指定的应用程序，各个虚拟服务器之间虽然都在一台物理服务器上，但互相隔离，互不影响。

2. 存储虚拟化

全球网络存储工业协会（协会英文简称 SNIA）在其虚拟化技术教程中，从存储角度是这样定义存储虚拟化的：

"通过对存储子系统或存储服务的内部功能进行抽象、隐藏或隔离，使存储或数据的管理与应用、服务器、网络资源的管理分离，从而实现应用与网络的独立管理。"

SNIA 对存储虚拟化的解释，理论上类似软件定义存储的作用，两者的目的都是想屏蔽底层物理存储，抽象出新的逻辑层，这样给到上层的存储服务更加友好，降低复杂度，避免硬件的干扰。

存储虚拟化的表现形式多样，图 1-9 描述的是利用 SAN（中文译为存储区域网络）形成共享存储池，它是由后端的磁盘阵列（RAID）通过连接光纤通道（Fibre Channel）或利用 iSCSI 协议组成的，SAN 将物理主机和存储设备连接在一起，在磁盘阵列划分出一个个 LUN（中文译为逻辑单元号）作为块设备提供给主机存储数据使用。

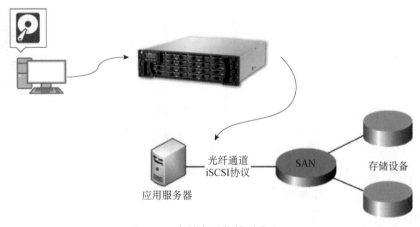

图 1-9　存储虚拟化的形式之一

3. 网络虚拟化

通过虚拟化技术，实现对物理网络的复制和再次模拟，应用在虚拟网络上运行，仿佛位于真实物理网络上运行一样，比较常见的网络虚拟化应用包括 VLAN 虚拟局域网、虚拟专用网、VPN，以及虚拟网络设备等。简单来说，网络虚拟化就是把物理网络层的一些功能从硬件中剥离出来，开发及建立网络虚拟层。

1.2.3　资源调度

资源调度技术

近年来，随着数字化转型加快推进，越来越多的企业将业务转移到云上运行，云上系统规模越来越大，而且需执行的任务数量也越来越多，迫切地需要对其系统进行合理的资源调配，这就涉及云计算的资源调度。

所谓资源调度，就是当企业或个人用户在云服务提供商，如公有云上申请虚拟资源时，云系统会通过一系列的调度策略去确定资源位置，比如资源调度策略会针对虚拟机的使用场景决定虚拟机开在哪台物理机器上。

虚拟机可以突破单个物理机的限制，动态地调整与分配资源，消除服务器及存储设备的单点故障，实现高可用性。当一个计算节点的主机需要维护时，可以将其上运行的虚拟机通过热迁移技术在不停机的情况下迁移至其他空闲节点，用户会毫无感觉。在计算节点物理损坏的情况下，也可以在 3 分钟左右将其业务迁移至其他节点运行，具有十分高的可靠性。

资源调度是云计算的关键技术之一，其资源调度的策略与相关技术算法会直接影响到企业用户使用云计算的性能及成本。资源调度的一般性技术原理就是根据虚拟资源或云上业务的使用规则，云计算调度策略会在不同的虚拟资源使用者之间合理地进行资源调整，以实现资源的最佳分配及使用体验。这些云上资源使用者，如企业或个人用户，在云上的业务不尽相同，因此对应的计算任务对物理资源的开销大相径庭。资源调度技术通过两种策略去实现计算任务的合理资源调度：一是，在计算任务所在的机器上调整分配给它的资源使用量；二是，将各种计算任务转移到其他资源空闲的机器上运行。

以公有云的实际使用为例，一般情况下，资源的调度流程分为三个步骤，第一步是接收资源请求，第二步是进行主机过滤（Filter），第三步是对主机的权重进行打分（Weight），具体流程如图 1-10 所示。

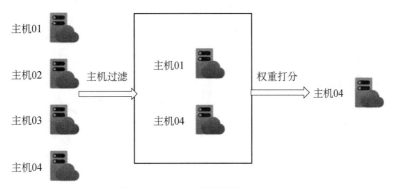

图 1-10　公有云资源调度流程

通过主机过滤和权重打分的资源调度组合策略确定本次虚拟机创建的资源应该被分配到哪一台物理服务器上，在这个主机过滤过程中，通常会对物理主机的可用资源，如剩余CPU、内存、存储资源、主机位置等条件进行筛选。在权重打分阶段，主要通过一些调度算法，如平均资源使用算法、最大主机资源利用率算法、亲和与反亲和算法等，给经过主机过滤后的物理主机再进行评分，最后按照权重值排序出一台最优、最适合资源放置的主机。

资源调度技术属于云计算的主要研究方向之一，合理的虚拟资源调度算法可以利用主机的负载均衡，改善系统资源的利用率，从而最终提升企业用户的云服务质量。

1.2.4　分布式计算

分布式计算

站在云计算技术角度，云计算在本质上是源自超大规模的分布式计算，云计算通常被认为是在分布式计算、并行计算和网格计算的基础上集大成而形成的一种新型计算模式。

分布式计算是相对集中式计算而言的，在分布式计算中，多个通过网络联通在一起的服务器，它们之间通过消息协议互相传递数据，实现信息共享，从而协作共同完成一个处理任务。

一个大型的分布式系统一般包括若干通过网络互联的服务器，这些拥有计算能力的服务器互相配合以完成一个共同的运算目标，分布式计算示例如图 1-11 所示，具体过程可以分解为：

（1）前端客户端应用程序根据需要发起计算任务，分布式计算技术将需要进行大量计算的操作数据分割成小块，并分发到多台服务器后，再协调各自分配的计算任务。

（2）计算完成后，再将计算结果执行合并、分析并得出具体数据结论。

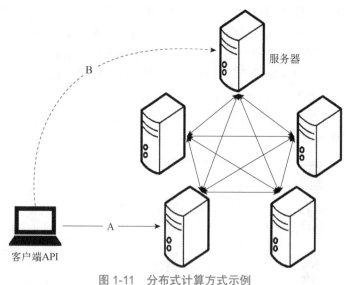

图 1-11　分布式计算方式示例

很明显的是，分布式计算方式的好处有很多，首先，这种计算方式可以节约应用服务的整体运行时间，从而大大提高计算效率。其次，分布式计算在超大规模的云业务下使用，可以在多台服务器上实现负载均衡，分散单台服务器的运行压力，提高服务器计算性能的可靠性和稳定性。最后，不但有负载均衡技术，同时基于权重机制，优先选择物理资源规格最优、性能最好的服务器承担计算任务，将运算程序或计算任务放在最适合的服务器上，可以大大提高运算效率（可参见参考文献[4]）。

并行计算

1.2.5　并行计算

并行计算一般是指一种能够让多条计算进程并行执行的计算模式，是一种同时协调使用多种计算资源解决计算问题的过程。并行计算的主要目的是快速解决大型且复杂的计算问题。

并行计算的基本原理是用多台计算服务器的处理器来协同运算同一任务，将希望求解的问题或任务分解成若干个单元，其中的各个单元均由一台独立的、大型的计算机执行并行计算。这种大型计算机，可以并行地计算复杂的运算过程，一般这种计算机可以是含有多个处理器的超级计算机，也可能是以网络互联的方式连接在一起的若干台独立计算机构成的计算集群。

适合利用并行计算来解决问题的场景，通常具备以下特征：

（1）计算任务可分离成多个部分，各个部分可协同、并行工作，有助于同时解决。

（2）可以随时并及时地执行多个程序指令。

（3）多计算资源下解决问题的耗时要远远少于单个计算资源下的耗时。

并行计算一般用于各式各样的科学计算，如气象分析、基因测序和仿真模拟等，属于高性能、大规模计算的范畴，在国内这种典型的例子就是神威·太湖之光，这种超级计算机集群在一个大型数据中心内聚集了几万台机器，同时安装有 40960 个中国自主研发的神威 26010 众核处理器，该众核处理器采用 64 位自主申威指令集，峰值性能达到 3168 万亿次每秒，CPU 的核心工作频率达到 1.5GHz（可参见参考文献[5]），图 1-12 是神威·太湖之光超级计算机集群实景图。

图 1-12　神威·太湖之光超级计算机集群实景图

并行计算与分布式计算的概念容易混淆，它们之间存在共同点，并行计算与分布式计算都可以将大的复杂任务分解成为多个小任务。它们最明显的差别在于，在并行计算中，所有的处理器之间都可以共享内存，而在分布式计算中，每个处理器都有其独享的内存，都属于独立的服务器。简单来说，如果处理单元是共享内存，则可以称其为并行计算，反之就属于分布式计算的技术范畴。

在线测试

本在线测试习题包括填空题、选择题和判断题。

1.1 在线测试

技能训练

1.2.6 查看阿里云产品

阿里云自 2009 年诞生至今，历经 10 余年的技术发展，慢慢地从云计算领域的跟随者，逐步成长为这一领域的领导者，虽然与亚马逊的 AWS 整体营收规模还有差距，但阿里云每年的业务高增长率，以及在技术研发的大力投入，让业界普遍对阿里云能够成长为云计算领域的行业巨头保持乐观。

通过云计算技术的持续投入，和无数工程师的奋力研发，使得当前的阿里云产品服务范围覆盖了 13 大项、约 300 多项的产品或解决方案，如图 1-13 所示。打开浏览器，输入网址 https：//www.aliyun.com，单击导航栏的"产品"按钮，可以看到阿里云产品类目。

阿里云	最新活动 产品 解决方案 云市场 合作伙伴 支持与服务 开发者 了解阿里云			中国站 文档 购物车 ICP备案 控制台 登录
查看全部产品 >	搜索云产品			
热门产品				
弹性计算	热门推荐	新晋畅销	新品发布 >	产品动态 >
存储	云服务器 ECS	轻量应用服务器	Salesforce Social Commerce（公测）	开源大数据上云实践
数据库	域名注册	无影云桌面	运维编排	云数据库 MongoDB 新品发布
安全	对象存储 OSS	智能语音交互	数据资源平台	阿里云云网管新品发布
大数据	轻量应用服务器	性能测试 PTS	BizWorks（公测）	地址标准化2.4版本发布上线
人工智能	商标服务	块存储 EBS	虚拟数字人（公测）	临云镜产品体验优化
网络与CDN	短信服务	号码认证服务	运维事件中心（公测）	轻量应用服务器新上线2款应用镜像
视频服务	云数据库 RDS MySQL 版	文字识别	无影云桌面	NAT 网关预付费资源包发布
容器与中间件	块存储 EBS	DataV 数据可视化	阿里云企业采购数字化产品（公测）	
开发与运维	日志服务 SLS	Quick BI 数据可视化分析	云网管	阿里云产品月刊 >
物联网IoT	负载均衡 SLB	NAT 网关	逻辑编排（公测）	阿里云产品10月刊 NEW
混合云				阿里云产品9月刊
企业应用与云通信				

图 1-13 阿里云所有产品

阿里云业务涵盖范围很广，已经由一般云计算技术范畴向人工智能、物联网领域延展，但其核心的云服务主要是弹性计算、存储、数据库、安全、网络与 CDN、容器与中间件、视频服务、开发与运维，详细内容如表 1-1 所示。

表 1-1　阿里云主要产品分类

分　　类	子　　项	云　服　务
弹性计算	云服务器	云服务器 ECS
		弹性裸金属服务器（神龙）
		轻量应用服务器
		GPU 云服务器
		FPGA 云服务器
		专有宿主机
		阿里云云盒
		弹性加速计算实例 EAIS
	高性能计算 HPC	超级计算集群
		弹性高性能计算 E-HPC
		批量计算
	容器服务	弹性容器实例
		容器服务 ACK
		边缘容器服务
		容器镜像服务 ACR
	弹性编排	弹性伸缩
		资源编排 ROS
		运维编排 OOS
	Serverless	函数计算 FC
		Serverless 工作流
存储	基础存储服务	块存储 EBS
		对象存储 OSS
		文件存储 NAS
		文件存储 CPFS
	存储数据服务	日志服务 SLS
		云备份 HBR
		相册与网盘服务
	数据迁移	闪电立方
	混合云存储	混合云存储阵列 SA
		云存储网关 CSG
		混合云容灾 HDR
数据库	关系型数据库	云原生关系型数据库
		云原生分布式数据库
		云数据库 RDS MySQL 版
		云数据库 RDS SQL Server 版
		云数据库 OceanBase
	数据库专属集群	云数据库专属集群 MyBase
	NoSQL 数据库	云原生多模数据库
		云数据库 Redis 版
		云数据库 MongoDB 版

分　类	子　项	云　服　务
数据库	NoSQL 数据库	云数据库 HBase 版
		时序数据库 TSDB 版
		图数据库 GDB
		表格存储
	数据仓库	云原生数据仓库 AnalyticDB MySQL 版
		云原生数据湖分析
		云数据库 ClickHouse
	数据库生态工具	数据传输服务 DTS
		数据管理 DMS
		数据库备份 DBS
		数据库自治服务
安全	云安全	DDoS 防护
		Web 应用防火墙
		SSL 证书
		云安全中心
		云防火墙
		堡垒机
		漏洞扫描
		操作审计
		安全可信
	身份管理	终端访问控制系统
		访问控制
		应用身份服务
	数据安全	数据安全中心 DSC
		数据库审计
		加密服务
		密钥管理服务
	业务安全	内容安全
		风险识别
		实人认证
		爬虫风险管理
	安全服务	安全管家
		云安全产品托管
		渗透测试
		安全众测
		应急响应
		安全加固
		代码审计

（续表）

分　类	子　项	云　服　务
网络与 CDN	云上网络	专有网络 VPC
		负载均衡
		NAT 网关
		弹性公网 IP
		共享带宽
		共享流量包
		私网连接
		全局流量管理
	跨地域网络	云企业网
		全球加速
	混合云网络	VPN 网关
		智能接入网关
		高速通道
	CDN 与边缘	CDN
		全站加速 DCDN
		安全加速 SCDN
		PCDN
视频服务	视频应用	视频直播
		视频点播
	视频技术	媒体处理
		视图计算
		视频 DNA
		视频审核
容器与中间件	容器服务	容器服务 ACK
		Serverless 容器服务 ASK
		服务网格
		弹性容器实例
		边缘容器服务
	微服务	企业级分布式应用服务
		微服务引擎
		应用配置管理
		云服务总线
	消息队列 MQ	消息队列 RocketMQ 版
		事件总线
		消息队列 RabbitMQ 版
		消息队列 Kafka 版
		消息服务 MNS
	应用工具	性能测试 PTS
		应用实时监控服务
		Prometheus 监控服务
		应用高可用服务
		链路追踪

（续表）

分　类	子　项	云　服　务
开发与运维	开发与运维	云监控
		代码托管
		Web 应用托管服务
		运维事件中心
		智能顾问
	测试	性能测试 PTS
		移动测试
	备份、迁移与容灾	应用发现服务
		迁移工具
	仓库服务	容器镜像服务
		Node 模块服务
		Maven 公共仓库服务
	API 与工具	openAPI
		SDK
		API 控制中心
		API 错误中心
		云命令行
		逻辑编排
	开发者平台	小程序云
		开发者中心

从表 1-1 可以明显看出，围绕 IT 基础设施，以及相关配套的中间件及安全云产品占据阿里云所提供的云服务的核心位置。这些云设施及云服务资源为企业和用户提供直接或间接的生产力量。

1.2.7　查看阿里云产品解决方案

云计算从理论走进现实，现今的云计算行业百花齐放，从国外到国内，整体云服务市场呈现一片欣欣向荣的景象。云计算领域的各个厂商，为了在云计算时代不断获取市场份额，根据自身技术和产品营销的优势纷纷推出不同的云计算解决方案。

以阿里云为例，单击阿里云官网主页导航栏的"行业解决方案"按钮，可以看到阿里云全部解决方案，如图 1-14 所示。

基于十余年来在云计算领域的不断耕耘，阿里云已经面向整个市场提供云原生、数据智能、零售、金融、制造等多个领域的解决方案。

为满足各行各业的企业、用户上云的要求，阿里云解决方案涵盖了四个大类、三十多个子行业、若干应用场景等。

1．行业解决方案

公有云产业早已不是停留在理论层和学术界的一种概念，在不断尝试和技术持续发展中，越来越多的真实案例在生产环境中得到证明，随着时间的推移，逐步发展到面向不同行业，能够提供相应行业的各种解决方案，如表 1-2 所示。

图 1-14　阿里云解决方案

表 1-2　行业云典型解决方案

行业	解决方案
新零售	零售云业务中台、智能供应链、全域数据中台等
数字政府	互联网+监管、政务行业云、城市智能运行中心、政企数据中台建设等
教育	在线教育、教育数据中台、智慧教学、科研云、在家学等
制造	数字工程、工业数据中台、电子招投标平台、机床设备管理等
交通物流	高速公路智慧运营、交通智能客服、高速公路视频上云、网络货运平台等
医疗健康	病毒全基因组分析、远程医疗平台、影像云、基因技术分析等
能源	精准电力负荷预测、新能源发电运营、虚拟配网调度等
电商	电商通用架构

2. 通用解决方案

依托于阿里云持续开发的通用技术标准，以此基础推出多项适用于多行业的标准化解决方案，方便中小企业或个人按需获取云服务，通过这些解决方案帮助实现业务多样化、虚拟化需求及相关技术辅助，如备份容灾、大数据等。具体的通用解决方案，如表 1-3 所示。

表 1-3　通用解决方案示例

类别	解决方案
数据库上云	数据传输、数据库安全、企业级分布式数据库、MySQL 数据库上云选型等
备份容灾	数据库灾备、企业级云灾备、业务多活容灾
数据上云	高性能计算存储、容器存储、云存储等
中间件	微服务中心、Serverless 微服务应用上云、大规模分布式应用任务调度等
大数据	云上大数据仓库、个性化搜索和推荐、云上数据集成等
云原生	云原生应用混沌工程、云原生 AI、云原生应用流控、混合云容器管控等
企业服务与应用	专属钉钉、SAP 上云、超级 App、业务中台技术等

3. 企业成长解决方案

近年来，国家大力提倡企业业务上云，但针对不同企业在不同发展时期的需要，业界缺少统一、标准的适用场景，通过阿里云企业成长解决方案，可帮助企业实现不同时期一站式云服务体验。具体的企业成长解决方案，如表 1-4 所示。

表 1-4　阿里云企业成长解决方案

类别	解决方案
通用	高并发上云架构、Web/App 云上部署
企业服务	企业初创场景、企业建站场景、企业管理系统云上部署等
游戏	游戏行业安全
教育	在线职业教育

4. 生态解决方案

基础设施虽在云端，但云计算应用不是云里雾里地存在，它不是脱离于实际场景而孤立存在的虚幻事物，任何应用都依托于生态体系而存在。基于此，阿里云提供一系列生态解决方案，涵盖新零售、数字政府、医疗健康及能源等。具体的生态解决方案，如表 1-5 所示。

表 1-5　阿里云生态解决方案

类别	解决方案
新零售	数字化旅游平台、智慧连锁 O2O 小程序、消费者资产运营等
数字政府	防汛防台智慧应急
医疗健康	智慧医疗门诊
能源	企业数据资产在线运营、一体化电力大数据平台

1.2.8　了解阿里云云市场

阿里云云市场，是阿里云公司开发的一个软件交易交付平台，云市场于 2016 年正式推出，如图 1-15 所示。云市场的主要目的是帮助中小企业在这个平台中找到各自所需的企业应用和服务，并且通过云市场的线上方式实现安全及快速的交易与交付。

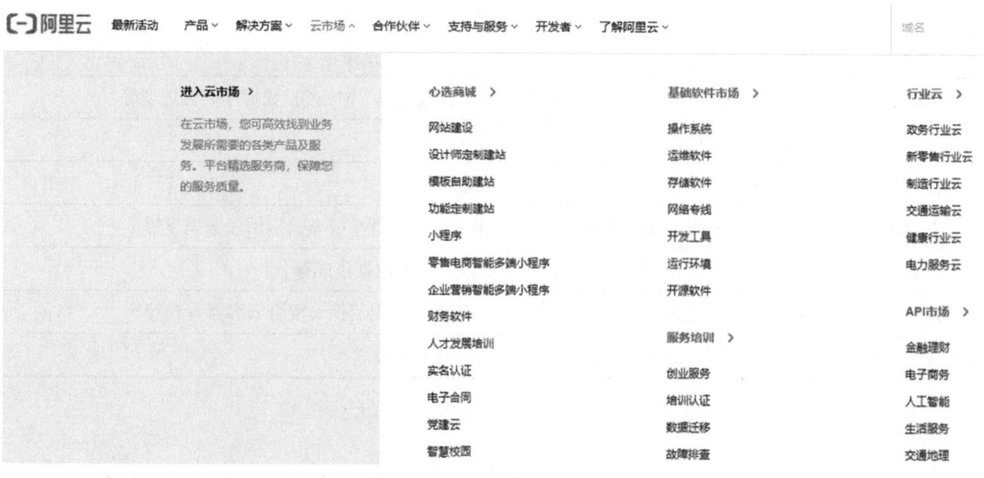

图 1-15　阿里云云市场

　　阿里云云市场为软件开发商提供了安全、便捷的平台，使各类型软件开发商能够在阿里云上快速地发展业务。借助云市场，软件开发商利用阿里云营销策略与各类企业客户建立链接。

　　云市场为企业或个人用户提供了各式各样的产品，用户可以通过首页推荐和商品搜索（见图 1-16）来发现适合的商品，确定后可以在线发起购买。用户进入待购买商品的详情页，在商品的选配选项中选择想要购买的规格、数量，之后单击"立即购买"按钮，在订单确认页确认用户所要购买的商品后，在支付页面支付下单。

图 1-16　在阿里云云市场中搜索商品

以云市场的镜像类商品为例，说明使用镜像类商品时的操作步骤，具体步骤如下：

（1）用户注册，并登录云市场控制台。

（2）在左侧导航栏，单击已购买的服务。

（3）在已购买的服务列表中找到已购买的镜像商品，确认该商品的状态为使用中。

（4）单击商品操作列中的"详情"链接，获取镜像商品的基本信息。

单元 2　公有云的弹性计算能力

弹性计算是公有云的核心服务之一，是构建云计算的基础。通过本单元2.1节的学习，学生可以掌握云服务器与虚拟机的基本概念，并通过了解阿里云ECS的产品服务，认识云服务器的实例规格和主要优势。在此基础上学习弹性云服务器的主要适用场景，可以帮助读者更好地理解公有云弹性云服务器的价值。

在2.2节中，本书从介绍弹性裸金属服务器的概念开始，使读者能够清晰裸金属服务器的功能和应用场景，并了解弹性裸金属服务器与云服务器的区别。

容器化技术在当今云计算领域应用中越发火热，读者通过本单元2.3节的学习可以了解并掌握Docker容器技术，以及Kubernetes容器化运维平台的作用，并且通过实践掌握在公有云中如何创建并使用容器。

弹性伸缩在现今的云上业务中越发不可或缺，通过这种弹性扩容或缩容的能力，大大帮助了各行业的企业应用服务实现了自动、实时的应用架构支撑和调度能力，通过2.4节的学习读者应该了解并掌握弹性伸缩的基本工作流程和使用方法。

虚拟机并不是云计算世界的唯一，也并非可以适用任何场景，因此通过2.5节的学习，读者应该了解并学习专有宿主机的价值，以及与弹性裸金属服务器的区别。

2.1　学习云服务器

小周经过自身的刻苦学习和不懈努力，如愿以偿地进入一家国内知名云计算技术公司，从事云计算研发的实习工作。公司为了让小周尽快地适应岗位，专门安排一名导师一对一地指导小周熟悉工作，导师安排给小周的第一个工作任务就是熟悉并学会如何应用云服务器，并且给小周制订了详细的技术学习路径。首先从了解弹性计算开始理解云服务器诞生的背景；其次充分理解虚拟机与云服务器的区别，在此基础上通过阿里云弹性云服务器实例的例子学习并理解云服务器的主要架构、产品优势与应用场景；最后在技能训练环节，在阿里云控制台上，掌握购买并使用ECS实例的主要流程。

2.1.1　从弹性计算说起

从弹性计算说起

初次接触公有云计算技术，大多数读者都会对什么是弹性计算云里雾里，又或者对弹性计算能帮助我们做什么感到困惑。在讲述弹性计算内容之前，读者不妨思考一下我们平常坐的高铁火车票是在哪里购买的？

拿起手机，登录 12306 的 App 程序，输入高铁火车票的起始和目的地点，几分钟就能搞定，这可能是大多数人不假思索就能给出的答案，今天的人们可能很难想象就在仅仅 10 多年前，为了购买火车票，购票者需要排长达数小时的队伍，又或者是不断拨打一直被占线的购票电话，一票难求是几年前春运高峰时期人人都遭遇过的经历。购票体验发生的巨大变化，到底是什么在背后支撑了如此巨大的访问流量呢？

答案是弹性计算。弹性计算可以说是云计算所提供的基础服务之一，它是一种为用户提供灵活的、动态的、按需的计算服务，因此它的特点就是"弹性"。

对于弹性计算，有一种非常流行的比喻，即把弹性计算与水、电和燃气等公共资源的基础设施对比，它们之间都有以下几个共同点。

1. 按需付费

用户根据自身需求进行业务获取并结算费用，用多少算多少。

2. 无限扩充

理论上，云上资源是无限多的，用户需要多少就使用多少。

3. 惠及大众

现如今，人们的日常生活越来越多地被云计算所影响，润物细无声，你可能毫无察觉，但云计算一直都存在。

4. 影响民生

弹性计算逐步成为 IT 行业甚至社会信息化发展的基石，给人们生活带来极大的便利。

2.1.2　了解云服务器和虚拟机

了解云服务器与虚拟机

1. 云服务器

虚拟服务器又称云服务器，它本身属于物理服务器的一部分，云服务器是集中托管服务器资源池，一般通过网络交付。

与传统物理服务器一样的是，云服务器也可以执行与传统物理服务器相同的功能，云服务器通常由 CPU、内存、硬盘和网络组成，通过它们提供处理能力、存储和应用。与传统物理服务器不同的是，云服务器的使用者一般不能直接控制或者无须知道所使用的云资源的确切地理位置，因为云服务器可位于任意地点，可能在不同的机房、不同的城市，甚至在世界的任何角落，只需通过云计算环境远程交付即可满足用户上云服务。相比之下，传统物理服务器的硬件通常设在企业本地，由企业独占并负责运维，必须由企业自行管理，而云服务器则不然，它可由第三方管理。云服务器如图 2-1 所示。

图 2-1 云服务器

在通过前面课程中关于公有云关键技术的学习后,我们知道在传统物理服务器之上,通过虚拟化技术及软件可以实现划分、隔离传统物理服务器上的各个虚拟服务器。云服务器通过在物理服务器上安装一款名为 Hypervisor 的虚拟化软件,将大量物理服务器通过网络连接并虚拟化,而虚拟化的目的就是将合并后的物理资源(包括计算、存储及网络资源等)进行抽象和池化,以创建云服务器,这也是虚拟化的核心;再之后,这些经过池化的虚拟资源即可通过网络实现云交付,可以提供给企业或普通个人使用者共享使用。

对于云服务器和传统物理服务器的区别,简单来说,如果服务器的计算和存储资源通过云计算的网络形式来交付,就意味着云服务是通过 Internet 网络提供的,这就区别于位于本地、可直接访问的物理计算和存储等资源。

云服务器的诞生对世界互联网及 IT 行业的发展产生了极大的影响,截至目前,全世界范围内无数公司已经或正在从传统的集中式服务器及开发架构体系逐渐转向利用云技术降本增效,企业开始学会不必拥有并管理复杂又多变的硬件,直接通过公有云根据自身发展需要获取各种 IT 基础设施等。例如,企业通过公有云上的云服务器用于临时、可变的工作负载,当需求增加时,能够快速扩展,当需求减少或取消时,可以随时终止需求,极大地提升了生产及资源利用效率。

2. 虚拟机

虚拟机通常也称为云主机、客户机,借助虚拟化技术,在单台物理服务器之上的系统中创建多个模拟环境或专用资源,通过一款名为"Hypervisor"(中文译为虚拟机监控程序)的软件可直接连接到硬件,从而将一个系统划分为不同的、独立的环境,我们把它称为虚拟机(英文简称 VM)。

虚拟机可以说是一种软件形式存在的计算机,与物理计算机相同的是,虚拟机同样可提供与物理计算机相同的功能,比如虚拟机也能运行常见的 Linux、Windows 系列操作系统,在操作系统中可以安装和部署各种满足用户使用的应用程序。

虚拟机运行在某个主机之上,这个主机称为宿主机,虚拟机从宿主机上获取所需的 CPU、内存、网络和存储等资源。虚拟机还包含一组规范和配置文件,并由主机的物理资源提供支持,虚拟机通过物理计算机来运行文件。

换句话说,虚拟机系统更像是一个独立的计算机系统。在创建虚拟机之初,空虚拟机就像一台没有安装任何操作系统的空白物理计算机,之后通过从宿主机上获取 CPU、内存和存储等相关资源,并安装操作系统后就变得像一台真正可以使用的物理计算机。

如图 2-2 所示是虚拟机在物理机上的位置,底层是 X86 或 ARM 物理服务器,服务器之上是操作系统层，Hypervisor 软件安装于服务器操作系统中以实现虚拟化功能，利用 Hypervisor 可将物理服务器（又称为宿主机）虚拟成一个个的虚拟环境，虚拟机与物理机从使用角度看并没有什么不同，它也包括用于计算的 CPU、内存和用于存储文件的磁盘等虚拟硬件，并可连接到外部网络，在虚拟机中可以安装操作系统，安装的方法同物理服务器上一样，再之后根据企业或个人用户的自身需求，在操作系统中可以部署各种应用软件，如 MySQL、Web 应用服务程序等。

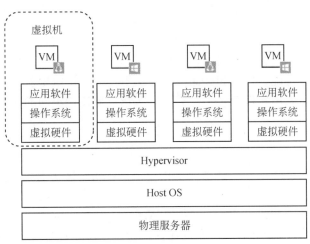

图 2-2 虚拟机在物理机上的位置

从表面上看，虚拟机的运行方式与单个物理计算机操作系统和应用程序的运行方式没有什么本质上的不同，但虚拟机彼此之间以及与物理主机之间仍然完全独立，这是因为 Hypervisor 这种虚拟机监控软件，可以实现在同一宿主机上同时在不同的虚拟机上运行不同的操作系统，更重要的是虚拟机之间彼此独立。

2.1.3 什么是阿里云 ECS

云计算将所有 IT 基础设施资源以云服务的形式交付，云的出现不仅仅是一种 IT 技术平台的转变，它大大改变了以往人们工作和公司运营的方式。随着云计算技术的蓬勃发展，云计算使用范围也越来越广泛，目前国内外各大 IT 企业提供的云计算解决方案及公有云平台都会根据各自厂商的特点呈现给用户。

什么是阿里云弹性云服务器 ECS

目前在亚太地区，表现最亮眼的云服务厂商当属阿里云，阿里云的核心系统是大规模分布式计算系统、分布式文件系统、资源调度及任务管理系统等，在此基础之上，逐步构建出完整的弹性计算服务、安全存储服务、结构化/非结构化数据服务、数据处理以及数据库服务等。

基于阿里云核心系统之上，推出弹性计算服务（Elastic Compute Service，ECS）即云服务器。与美国亚马逊公司的云产品 AWS 旗下弹性计算云服务器 EC2 类似，ECS 是阿里云体系中的标准计算服务名。

阿里云的大规模分布式计算系统是在位于全球各地数据中心基础上开发的适用于大规模 Linux 集群上的一套完整、综合性的软硬件一体化系统，通过大规模分布式计算系统可以将数以万计的物理服务器通过网络互联，形成一台"超级计算机"而展示出来，并且这台超级计算机中的计算、存储及网络等各种资源会以服务的方式交付给企业和用户使用。

ECS 基于阿里云自主研发的大规模分布式计算系统，通过虚拟化技术整合所有 IT 基础设施资源，叠加各种服务为各行各业提供基于互联网的云上基础设施产品。ECS 主要包含以下功能组件。

1. 实例

实例（Instance）的含义等同于一台虚拟机或虚拟服务器，在实例中包括与物理计算机一样的 CPU、内存、网络、磁盘等 IT 基础设施组件，此外在实例中还可以根据需求安装有桌面版、服务器版操作系统。实例可以简单理解为云计算资源中虚拟出来的一块独立的计算单元，实例的计算性能、网络和存储性能由实例本身规格决定，公有云平台提供了多种实例类型供企业或个人用户选择，不同类型的实例可以提供不同的计算能力、网络负载和存储能力。

2. 镜像

镜像（Mirror Image）可以提供实例的操作系统、初始化应用数据及预装的软件。镜像可以看作是一个包含了各种必要配置的弹性云服务器模板，在这个模板中至少包含操作系统，操作系统支持多种 Linux 发行版和多种 Windows Server 版本，此外镜像还可以包含已经完成部署的应用软件。企业和用户在创建弹性云服务器时必须指定一种镜像，如图 2-3 所示是阿里云下通过镜像等方式创建实例的过程示意图。

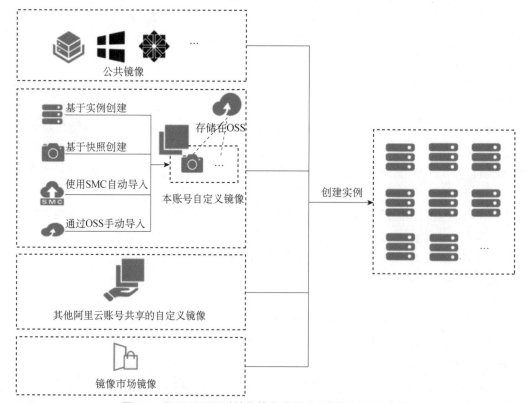

图 2-3 阿里云下通过镜像等方式创建实例的过程示意图

3. 云硬盘

云硬盘是相对物理硬盘而言的，它是阿里云为云服务器 ECS 提供的块存储设备产品，可以为弹性云服务器提供可靠的、高性能的、规格丰富并且可弹性扩展的块存储服务，满足不同场景的业务需求，块存储支持顺序及随机读写，能够满足大部分通用业务场景下的数据存储需求，一般情况下云硬盘适用于分布式文件系统、开发测试、数据仓库以及高性能计算等场景。

4. 快照

快照（Snapshot），是阿里云提供的一种数据备份方式，可以为所有类型的虚拟机及云硬盘创建一致性快照，用于备份或者恢复整个数据盘或系统盘。

快照是某一时间点一块云盘的数据状态文件。快照是一种便捷高效的数据容灾手段，常用于数据备份、数据恢复和制作自定义镜像等。具体的快照实现过程及原理如图 2-4 所示。

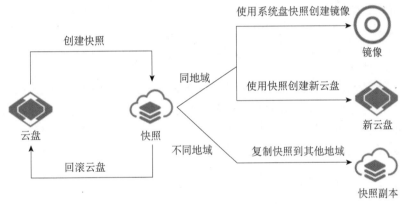

图 2-4　快照实现过程及原理

5. 安全组

安全组（Security Group）是一种虚拟防火墙，用于控制安全组内 ECS 实例的入流量和出流量，安全组一般具有数据包过滤功能，用于设置云服务器等实例的网络访问控制，是重要的网络安全隔离手段。

通常情况下，安全组创建后，用户可以在安全组中定义各种访问规则，当云服务器 ECS 加入该安全组后，即受到这些访问规则的保护，当然用户也可以根据需要创建自定义的安全组，公有云系统会为每个用户提供一个默认安全组，默认安全组的规则是在出方向上的数据报文全部放行，入方向上的网络访问则受限。

6. 网络

所谓网络，在阿里云环境下主要是指专有网络或私有网络，它为云服务器 ECS 提供一种虚拟、隔离的网络空间。

专有网络的本质是在逻辑上彻底隔离的云上私有网络，云服务器 ECS 的使用者可以自行分配私网 IP 地址范围、配置路由器和网关等。专有网络的核心包括三个组成部分：私有网络网段、路由器、交换机。

（1）私有网络网段。在创建专有网络和交换机时，使用者需要以 CIDR 地址块的形式指定专有网络使用的私有网络网段。阿里云的私有网络 CIDR 支持使用如表 2-1 所示私有网段中的任意一个。

表 2-1　私有网段

网段	说明
10.0.0.0/8	可用私网 IP 数量（不包括系统保留地址）：16,777,212
192.168.0.0/16	可用私网 IP 数量（不包括系统保留地址）：65,532
172.16.0.0/12	可用私网 IP 数量（不包括系统保留地址）：1,048,572
自定义地址段	除 100.64.0.0/10、224.0.0.0/4、127.0.0.0/8、169.254.0.0/16 及其子网外的自定义地址段

小 贴 士

所谓 CIDR，即无类别域间路由，是由使用者指定的独立网络空间地址块，通过 IP 和掩码结合，实现对网络的整体划分。以 10.1.0.0/16 为例，其中 10.1.0.0 为网络块的 IP，16 为网络块的掩码。通过设定掩码的大小，可以调整网络块的大小设定。

（2）路由器。路由器（Router）是阿里云服务器专有网络的关键纽带，它作为专有网络中重要组件可以确保连接专有网络内的各个交换机，从而保证网络之间畅通，同时它也作为连接专有网络和其他外部网络的网关设备使用。

当使用者在完成创建专有网络后，云系统会自动为用户创建一张系统路由表并为其添加系统路由来管理 VPC 的流量。在阿里云中，公有云产品使用者既可以通过系统路由，也可以在路由表中添加自定义路由条目来控制专有网络的访问出入流量，图 2-5 所示的是在路由表中添加自定义路由条目控制专有网络的访问过程。

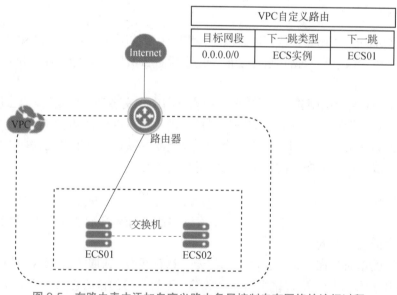

图 2-5　在路由表中添加自定义路由条目控制专有网络的访问过程

在图 2-6 中，使用者首先创建阿里云服务器 ECS01、ECS02，之后创建专有网络，并在专有网络内自建网关，当专有网络内的云服务器实例 ECS02 需要发起网络访问请求时，也就是说需要通过该 ECS01 实例访问公网时，可以添加如表 2-2 所示的自定义路由。

表 2-2 专有网络私网路由设置

目标网段	下一跳类型	下一跳
0.0.0.0/0	ECS 实例	ECS01

（3）交换机。交换机（Switch），是阿里云中连接专有网络的基础网络设备，它的作用是连接不同的云网络资源。

在专有网络中使用云资源前，使用者必须先创建一个专有网络和交换机，在一个专有网络中可以创建多个交换机来划分子网，每个专有网络内的子网之间默认是可以通过私网实现网络互通的。

学到这部分内容时，读者可能会产生这样一个疑问，即在同一个专有网络内，有多套交换机，在这种网络环境中存在多台云服务器 ECS，比如是 ECS01、ECS02 和 ECS03，那么这几台 ECS 之间是否能互相访问呢？答案是能，只要在同一专有网络内，无论云服务 ECS 实例是否属于同一交换机，只要安全组规则允许，ECS 实例均可以互相通信。

2.1.4 弹性云服务器的实例规格

弹性云服务器的
案例分析

前面我们通过学习了解到云计算技术不断发展已经对全球范围内各企业或个人用户使用 IT 基础设施产生重要改变，云计算改变了传统获取 IT 基础资源的方式，对购买、开发和运维模式产生巨大影响。

在使用场景上，云服务器实例几乎等同于传统真实的物理计算机，在实例中同样包含 CPU、内存、操作系统、网络配置、磁盘等基础组件。以阿里云为例，一台 ECS 实例等同于一台虚拟服务器，通过阿里云提供的控制台、API 等管理工具可以按需创建和管理 ECS 实例，就像使用本地物理服务器一样去部署、管理上面的业务和应用。

选择云服务器对于各类型企业或普通个人用户的业务需要具备很多优势，其中一个最明显的特点就是企业或用户不再需要自建机房，无须经过烦琐的采购流程和配置硬件设施环节，当使用者决定将自己的业务、应用程序或软件服务部署到云端时，所要做的第一点就是如何根据业务特点进行云服务器实例的选型。

创建阿里云云服务器时，由用户自己指定的实例基础配置决定了一台实例所需的基础资源。每个实例类型可提供不同的计算、内存、存储和网络功能。用户可基于业务发展需要、规模及软件服务的特点，按需选择一种适当的实例类型。实例所包含的基础资源如表 2-3 所示。

表 2-3　实例所包含的基础资源

基础资源	详细内容
实例规格	实例规格定义了 ECS 实例在计算性能、存储性能、网络性能等方面的基本属性，但需要同时配合镜像、块存储、网络等配置才能确定一台 ECS 实例的具体服务形态。 云服务器 ECS 根据典型的使用场景推出了丰富的实例规格族，在同一个实例规格族内再提供不同计算能力的实例规格，满足您在不同场景和层级的需求
镜像	镜像提供了运行实例所需的信息，包括操作系统、初始化应用数据等。阿里云提供了 Windows Server 系统镜像和主流的 Linux 系统镜像供您直接选用，您也可以自行创建和导入包含自定义配置的自定义镜像，节省重复配置的时间。此外，阿里云镜像市场中镜像服务商提供了预装各类运行环境或软件应用的镜像，满足建站、应用开发、可视化管理等个性化需求，按具体用途选用更加便捷
存储	实例通过添加系统盘、数据盘等获得存储能力。实例必须包含系统盘，启动实例时基于镜像完成安装操作系统等初始化配置。 云盘可以用作系统盘和数据盘，本地盘仅部分实例规格配备（例如本地 SSD 型、大数据型等）且只能用作数据盘。如果实例需要更大存储能力存储业务数据，也可以在创建后扩容已有云盘或者挂载更多云盘

　　实例中第一个配置是选型实例规格，规格定义了实例在计算性能、存储性能、网络性能等方面的基本属性，阿里云针对云服务器 ECS 根据典型的使用场景推出了丰富的实例规格族，后面会进行详细的讲解。

　　第二个配置是选取并安装镜像，镜像是云服务器实例运行环境的模板，它包含了操作系统和预装软件以及相关配置。实例中的镜像一般分为两种类型，其一是"标准镜像"，阿里云提供了 Windows Server 系统镜像和主流的 Linux 系统镜像供用户直接选用，标准镜像安全性好、兼容性强、稳定性也更高，包含了 Windows Server 系统镜像和主流的 Linux 系统镜像，均为免费使用；其二是支持自定义配置的镜像，用户可以通过已有实例或实例中的快照创建镜像，或是从用户本地直接导入自定义镜像，其前提是导入的镜像必须满足操作系统版本、镜像格式等要求。此外，阿里云镜像市场中第三方镜像服务商还提供多种预装各类运行环境或软件应用的镜像，满足不同用户在建站、应用开发等个性化需求。

　　第三个配置是选择存储，系统盘是一个正常运行中实例的必需组成部分，启动实例时基于镜像首先完成安装操作系统等初始化配置。一般而言，实例的存储分为系统盘和数据盘，它们的存储作用各不相同，如表 2-4 所示。

表 2-4　实例中的存储分类

存储类别	说明
系统盘	用于存储操作系统及核心配置，类似于 Windows 系统下的 C 盘
数据盘	用于保存用户的数据，类似于 Windows 系统下的 D 盘，支持扩容、挂载、卸载

　　在学习完实例中所必需的基础资源后，读者应该了解到不同实例所包含的规格、镜像和存储是可以不一致的，这在公有云中充分发挥了用户的主观选择性，不同的实例规格可以提供的计算能力不同。以阿里云为例，根据不同的业务场景，云服务器 ECS 分为不同的实例规格族，即使在相同规格族中，根据 CPU 和内存的比值不同还分为不同的规格类型，因此组合上的差异可以对每个实例类型提供不同的计算、内存和存储功能。

　　接下来，本书通过学习阿里云所提供的实例规格来了解公有云环境常见的实例规格类型。

1．云服务器实例规格族

根据业务场景和 vCPU、内存、网络性能、存储吞吐等配置划分，阿里云 ECS 提供了多种实例规格族，每一种实例规格族又包括多个实例规格。

参照物理服务器上的计算、存储及网络等系统架构以及使用场景，阿里云 ECS 实例规格群族群如表 2-5 所示。

表 2-5　阿里云 ECS 实例规格族群

实例规格族群	具体实例规格
企业级 X86 计算规格族群	存储增强通用型实例规格族 g7se
	通用型实例规格族 g7a
	通用型实例规格族 g7
	安全增强通用型实例规格族 g7t
	网络增强型实例规格族 g7ne
	通用型实例规格族 g6
	存储增强型实例规格族 g6se
	通用型实例规格族 g6a
	安全增强通用型实例规格族 g6t
	通用平衡增强型实例规格族 g6e
	通用型实例规格族 g5
	网络增强型实例规格族 g5ne
	RDMA 增强型实例规格族 c7re
	存储增强计算型实例规格族 c7se
	计算型实例规格族 c7a
	计算型实例规格族 c7
	安全增强计算型实例规格族 c7t
	计算型实例规格族 c6
	计算型实例规格族 c6a
	安全增强计算型实例规格族 c6t
	计算平衡增强型实例规格族 c6e
	计算型实例规格族 c5
	密集计算型实例规格族 ic5
	内存增强型实例规格族 re7p
	内存型实例规格族 r7p
	存储增强内存型实例规格族 r7se
	内存型实例规格族 r7a
	内存型实例规格族 r7
	安全增强内存型实例规格族 r7t
	内存型实例规格族 r6
	持久内存型实例规格族 re6p
	内存型实例规格族 r6a
	内存平衡增强型实例规格族 r6e
	内存增强型实例规格族 re6

（续表）

实例规格族群	具体实例规格
企业级 X86 计算规格族群	大数据计算密集型实例规格族 d2c
	性能增强型本地盘实例规格族 i4p
	本地 SSD 型实例规格族 i3g
	本地 SSD 型实例规格族 i3
	本地 SSD 型实例规格族 i2g
	本地 SSD 型实例规格族 i2gne
	高主频计算型实例规格族 hfc6
	高主频内存型实例规格族 hfr6
	高主频通用型实例规格族 hfg6
企业级 ARM 计算规格族群	通用型实例规格族 g6r
	计算型实例规格族 c6r
企业级异构计算规格族群	GPU 虚拟化型实例规格族 sgn7i-vws（共享 CPU）
	GPU 虚拟化型实例规格族 vgn7i-vws
	GPU 计算型实例规格族 gn7i
	GPU 计算型实例规格族 gn7
	GPU 虚拟化型实例规格族 vgn6i
	GPU 计算型实例规格族 gn6i
	GPU 计算型实例规格族 gn6e
	GPU 计算型实例规格族 gn6v
	异构服务型实例规格族 video-enhance
	异构服务型实例规格族 video-trans
	FPGA 计算型实例规格族 f3
弹性裸金属服务器和超级计算集群（SCC）实例规格族群	GPU 计算型弹性裸金属服务器实例规格族 ebmgn7e
	GPU 计算型弹性裸金属服务器实例规格族 ebmgn6e
	计算型弹性裸金属服务器实例规格族 ebmc7a
	计算型（平衡增强）弹性裸金属服务器实例规格族 ebmc6e
	通用型弹性裸金属服务器实例规格族 ebmg7a
	通用型弹性裸金属服务器实例规格族 ebmg6a
	通用型（平衡增强）弹性裸金属服务器实例规格族 ebmg6e
	内存型弹性裸金属服务器实例规格族 ebmr7
	内存型（平衡增强）弹性裸金属服务器实例规格族 ebmr6e
	持久内存增强型弹性裸金属服务器实例规格族 ebmre6p
	高主频内存 r 型弹性裸金属服务器实例规格族 ebmhfr7
	本地 SSD 型弹性裸金属服务器实例规格族 ebmi2g
	计算型超级计算集群实例规格族 sccc7
	高主频计算型超级计算集群实例规格族 scchfc6
	高主频内存型超级计算集群实例规格族 scchfr6
	通用型超级计算集群实例规格族 sccg5
	GPU 计算型超级计算集群实例规格族 sccgn6e
	GPU 计算型超级计算集群实例规格族 sccgn6
共享型 X86 计算规格族群	突发性能实例规格族 t6
	共享标准型实例规格族 s6

　　阿里云对外发售的实例规格众多，四大实例规格族群旗下足有上百个规格族（表 2-5 中仅列出部分），在每个规格族之下还拥有不同数量的实例规格，这些数量庞大的实例规格群，能够最大限度覆盖不同的企业或用户在针对不同业务场景下对云服务器的需求。

　　如何更加准确地为业务上云进行选型，是摆在企业用户面前的首要问题，不要对上面琳琅满目的实例规格所吓倒，实际上阿里云 ECS 实例规格族的分类和具体含义也有据可循，我们接下来以具体的实例规格做一个详细的讲解。

　　在所有的实例规格族群中，企业级 X86 计算规格族群的规模是最大的，下属包括几十个规格族，每个规格族下大约拥有 5～7 个具体实例规格。我们以"通用型实例规格族 g7"为例，规格族名称中带有"通用"，顾名思义，这个规格族下的实例规格比较适合企业用户在通用业务场景下使用，此规格族的主要特点包括：

➢ 依托阿里云自研第三代神龙体系架构，能够提供更加稳定的高性能，同时通过芯片快速路径加速手段，完成存储、网络性能以及计算稳定性的数量级提升；

➢ 通用型实例规格族 g7 支持 vTPM 特性，依托 TPM/TCM 芯片，实现从服务器到实例的启动链可信度量，提供超高安全能力；

➢ 支持阿里云虚拟化 Enclave 特性，提供基于虚拟化的机密计算环境。

　　规格族通常涉及计算、存储、网络等多项必需配置，从这三方面上看，有如表 2-6 所示的特征。

表 2-6　通用型实例规格族 g7 特征

类别	特征
计算	处理器与内存配比为 1∶4
	处理器：采用第三代 Intel® Xeon®可扩展处理器（Ice Lake），基频 2.7GHz，全核睿频 3.5GHz，计算性能稳定
	支持开启或关闭超线程配置
存储	I/O 优化实例
	仅支持 ESSD 云盘
	小规格实例存储 I/O 性能具备突发能力
	实例存储 I/O 性能与计算规格对应（规格越高存储 I/O 性能越强）
网络	支持 IPv6
	超高网络 PPS 收发包能力
	小规格实例网络性能具备突发能力
	实例网络性能与计算规格对应（规格越高网络性能越强）

　　通用型实例规格族 g7 中包括的实例规格及指标数据，如表 2-7 所示。

表 2-7　通用型实例规格族 g7 具体实例规格及指标数据

实例规格	vCPU	内存（GiB）	网络带宽（Gbit/s）	网络收发包	连接数	云盘 iops（基础/突发）
ecs.g7.large	2	8	2	90 万	最高 25 万	2 万/最高 11 万
ecs.g7.xlarge	4	16	3	100 万	最高 25 万	4 万/最高 11 万
ecs.g7.2xlarge	8	32	5	160 万	最高 25 万	5 万/最高 11 万

（续表）

实例规格	vCPU	内存 （GiB）	网络带宽 （Gbit/s）	网络收发包	连接数	云盘 iops （基础/突发）
ecs.g7.3xlarge	12	48	8	240 万	最高 25 万	7 万/最高 11 万
ecs.g7.4xlarge	16	64	10	300 万	30 万	8 万/最高 11 万
ecs.g7.6xlarge	24	96	12	450 万	45 万	11 万/无
ecs.g7 .8xlarge	32	128	16	600 万	60 万	15 万/无
ecs.g7.16xlarge	64	256	32	1200 万	120 万	30 万/无
ecs.g7.32xlarge	128	512	64	2400 万	240 万	60 万/无

表 2-7 中详细说明了通用型实例规格族 g7 下所包含的 9 个实例规格，它们的指标一致，但指标数据不同加以区分。其中有几个值得注意的指标项，如网络带宽，其一般是指出方向和入方向相加能达到的最大能力，网络收发包代表实例网络的出方向和入方向相加能达到的最大能力，而连接数又称网络会话，是客户端与服务器建立连接并传输数据的过程。网络五元组（包括源 IP、目的 IP、源端口、目的端口、协议）可以唯一确定一个连接，ECS 实例的连接数包括通过 TCP、UDP、ICMP 协议建立的连接。

2.1.5　云服务器的主要优势

现如今，包括公有云在内的多种云计算服务类型在各个商业领域、普通用户中得到应用及落地，业务上云逐渐开始变得流行，因为云计算的确带来了 IT 基础设施的变革，大大提升了企业或普通用户业务或应用开发运维的工作效率。

云服务器的
主要优势

云服务器是构建云计算的基础，它基本承载了云计算的价值与优势，可以简单概括为以下几点。

1. 弹性

云计算最大的优势在于弹性与灵活性，在本书中仍然以阿里云为例，阿里云的弹性特征体现在计算弹性、存储弹性、网络弹性以及帮助用户对于业务架构重新规划的弹性。

具体内容为，其一，针对计算弹性，通过阿里云云服务器可以实现自由、按需配置 CPU、内存、带宽，从而可以符合不断变化的业务需求。在普通 IDC 模式下，很难做到对单台服务器进行随意的变更配置，而云服务器可以做到根据业务量的增减自由变更配置，并且通过随时增加或缩减云服务器数量，能够快速响应业务变化；其二，针对存储弹性，通过存储虚拟化技术，以及分布式存储的应用，阿里云可以为企业用户提供海量的存储服务，使用者按需购买，调整配置，保证在数据量不断增长的条件下力保数据不会丢失；其三，针对网络弹性，阿里云的专有网络配置与普通 IDC 机房配置可以是完全相同的，并且可以拥有更灵活的拓展性。其四，针对业务架构重新规划的弹性，在阿里云，可以实现各个可用区（机房）之间的互联互通、安全域隔离以及灵活的网络配置和规划。

2. 高可用性

所有的公有云服务提供商都在不断追求打造业界最为可靠的云服务器,但如何定义高可用性,以及具体的评判标准是什么,各个厂商不尽相同。

举例来说,华为云服务器认为稳定可靠是首要的,因此华为云在可靠可用性方面,重点从三个方面去考量,第一是华为云服务器提供了丰富的磁盘种类,提供普通 IO、高 IO、通用型 SSD、极速型 SSD 类型的云硬盘,可以覆盖云服务器不同业务场景需求;第二是数据可靠性,华为云服务器支持基于分布式架构的块存储服务,具有更高的数据可靠性,以及优秀的 I/O 吞吐量,能够保证当其中任何一个副本发生故障时,系统能够及时快速地执行数据恢复,从而避免因单一硬件故障造成用户数据丢失;第三是华为云服务器支持云服务器和云硬盘级别的备份及恢复,可预先设置好自动备份策略,实现在线自动备份,从而确保数据安全可用。

而阿里云云服务器在高可用性上的做法却另辟蹊径,对比传统机房以及物理服务器厂商而言,阿里云会采用更严格的标准,包括服务器准入标准、运维标准等,来确保公有云架构的高可用性、数据的可靠性以及云服务器实例的高可用性。具体来说,阿里云在全球总计运营 25 个公共云中心地域、80 个可用区,通过大量物理服务器组成的集群可以为不同的云计算业务提供稳定支撑,当企业用户需要更高的可用性时,可以利用多可用区部署方案搭建主备服务或者双活服务,甚至企业用户还可以利用多地域和多可用区的特色搭建出更高的可用性服务,例如,容灾、备份等服务。此外,阿里云为使用者提供了如下支持:

➢ 提升可用性的产品和服务,包括云服务器 ECS 及其他阿里云相关服务产品等;

➢ 整合行业合作伙伴以及生态合作伙伴,共同帮助企业用户实现更加稳定的云架构,并且保证云上业务的持续性;

➢ 阿里云提供多种多样的培训服务,让企业用户从业务端到底层服务端,在整条链路上实现高可用。

3. 安全性

云上业务服务器的安全是否有保障、分布在云端的企业用户数据是否安全且不会泄露,这曾经是在云计算刚诞生不久后,被业界讨论最激烈,也是最顾虑的地方。

各家公有云服务提供商在云服务器的安全领域都投入巨大的技术力量,以及人力和物力。以阿里云为例,迄今为止,阿里云已经通过了包括 ISO27001、MTCS 在内的多种国际安全标准认证,基于国际标准之上,阿里云加强了安全合规性,对于用户数据的隐秘性、用户信息的私密性以及用户隐私的保护力度都有极其严格的要求。具体安全措施包括以下几个。

(1)丰富的网络产品体系。企业或普通个人使用者只需进行简单配置,就可在当前的业务环境下,与全球所有机房进行串接,从而提高了业务的灵活性、稳定性以及业务的可发展性。

(2)专有网络的稳定性。云上业务搭建在阿里云专有网络上,而网络的基础设施将会不断进化，每天都拥有更新的网络架构以及更新的网络功能，这样可以保证业务永远保持在一个稳定的最佳状态。

（3）专有网络的安全性。面对互联网上不断的攻击流量，阿里云的专有网络具备流量隔离以及攻击隔离的功能，在此基础上提供 DDoS 防护、DNS 劫持检测、入侵检测、漏洞扫描、网页木马检测、登录防护等各种广泛的安全服务。

2.1.6　弹性云服务器的应用场景

云服务器的
应用场景

随着云计算技术的不断向前发展，以及云技术带来的降本增效的理念逐步深入人心，越来越多的业务从线下被搬到云上运行，将关键型业务及关键型的工作负载逐步由企业自建机房中迁移至公有云服务器上运行，从而提高了工作效率，但对于很多企业及个人用户而言，什么业务适合云端运行，什么数据能够在云服务器上保存，并没有一个清晰的思路，这就需要他们立足业务发展的长久需求，找到符合实际的应用场景。

下面我们结合一些具体的行业 IT 业务特点，分析一下公有云上弹性云服务器的应用场景。

1．网站应用

这个场景适用于各种类型和规模的企业级应用、中小型数据库系统等，这个阶段的网站访问量可能不大，对 CPU、内存、硬盘空间和网络带宽无特殊要求，企业用户只需一台低配置的云服务器 ECS 实例即可运行 Apache、Nginx 或其他 Web 应用程序。

2．数据分析

数据分析场景主要是指大容量数据处理，需要高 I/O 能力和快速的数据交换处理能力，例如 MapReduce、Hadoop 计算密集型，这就需要企业选择大数据类型实例规格，因为大数据类型实例规格一般采用本地存储的架构，以阿里云云服务实例规格为例，云服务器 ECS 在保证海量存储空间、高存储性能的前提下，可以为云端的 Hadoop 集群、Spark 集群提供更高的网络性能。

3．各类型数据库

数据库类型很多，云服务器适用场景需要支持承载高 I/O 要求的数据库，如 OLTP 类型数据库以及 NoSQL 类型数据库。企业用户可以根据需要使用较高配置的 I/O 优化型云服务器，同时采用 ESSD 云盘，实现高 I/O 并发响应和更高的数据可靠性，同时企业用户也可以使用多台中等偏下配置的 I/O 优化型实例，搭配负载均衡去建设高可用底层架构。

4．大型多人在线游戏

现如今网络游戏的流行，以及服务器成本的不断上升时刻考验着网络游戏相关企业的运维能力，因此将公有云上的弹性云服务器应用在在线游戏的场景呼声很高，主要特征是需要高计算资源消耗的应用场景，如 Web 前端服务器、大型多人在线游戏（MMO）前端等。

5. 深度学习和图像处理

AI 技术的发展在最近几年如火如荼，就国内而言诞生了众多 AI 领域的技术性企业。在公有云架构及云服务器实例上，同样有覆盖 AI 及深度学习的场景，通过它们能够大幅提高机器学习及科学计算等大规模计算框架的运行速度，为搭建人工智能及高性能计算平台提供基础架构支持，同时通过采用 GPU 计算型实例，可以搭建基于 TensorFlow 框架等的 AI 应用，并且利用 GPU 计算型还可以降低客户端的计算能力要求，适用于图形处理、云游戏云端实时渲染、AR/VR 的云端实时渲染等瘦终端场景。

2.2 弹性裸金属服务器

什么是弹性裸金属服务器？

任务描述

经过导师的悉心教导，加上自身工作努力，小周很快掌握了云服务器的基本概念、技术架构，以及如何使用云服务器。随后导师再次给小周布置了新的任务，在云服务器基础之上，学习并掌握其他类型的弹性计算应用类型，如弹性裸金属服务器。为此，小周当前要完成的任务如下：

1. 掌握弹性裸金属服务器的基础知识
2. 了解弹性裸金属技术的设计原理
3. 了解弹性裸金属服务器与普通云服务器的差异，以及弹性裸金属服务器的应用场景

2.2.1 什么是裸金属服务器

裸金属服务器（Bare Metal Server），是一种运行在云上的物理计算资源，相对虚拟化云服务器而言，是一台既具有传统物理服务器特点的硬件设备，又具备云计算技术的虚拟化服务功能，是硬件和软件优势结合的产物。裸金属服务器在拥有灵活弹性的基础上，具备可与传统物理服务器相媲美的高性能计算能力，以及保有安全物理隔离的特点。

几乎所有的公有云服务提供商都在云服务器之外向用户提供裸金属服务器产品，虽然呈现给用户的使用体验相差不大，但是在裸金属服务器的技术实现原理以及服务形式上都展露出每个公有云服务提供商各自的优势和特点。

华为云与其他服务组合，满足不同企业用户对业务上云的场景，如图 2-6 所示，BMS 是华为云裸金属服务器的英文简称。裸金属服务器可以实现计算、存储、网络、镜像安装等功能，具体包括：

（1）华为云裸金属服务器支持在不同可用区中部署，大部分可用区发生故障后不会影响其他可用区。

（2）支持直接在裸金属服务器安装镜像，也可以通过自定义镜像批量创建裸金属服务器。

（3）裸金属服务器的云硬盘支持备份、恢复服务。

（4）支持云监控功能，实时保证裸金属服务器的可靠性、可用性。

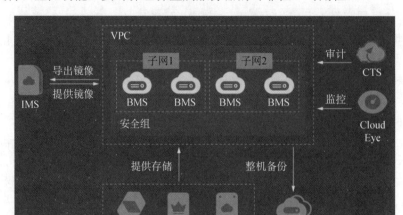

图 2-6　华为云裸金属服务器

阿里云的裸金属服务器产品首次对外发布是在 2017 年，阿里云官方宣称这是一款基于阿里云自主研发的下一代虚拟化技术而打造的具备虚拟机弹性和物理机虚拟及特效的新型计算类产品，通过采用阿里云虚拟化 2.0 技术，企业用户的业务应用可以直接访问弹性裸金属服务器的处理器和内存，无任何虚拟化的开销，同时弹性裸金属服务器还具有物理服务器级别的完整处理器特效，例如 Intel SGX，以及天然的资源隔离优势。可以看出阿里云特别强调其弹性裸金属服务器是通过自研芯片、自研 Hypervisor 系统以及重新定义服务器硬件架构等软硬件技术打造的一种具有以下特征的云服务产品：用户独占计算资源、加密计算、兼容多种专有云。

2.2.2　普通云服务器与裸金属服务器的差异

为什么在云计算大行其道，云服务器逐步渗透到各行各业的背景下，公有云服务提供商还要推出裸金属服务器呢？仅仅是因为裸金属服务器兼具虚拟机的弹性和物理机的性能及功能特性吗？带着这些疑问，下面通过对比来了解一下裸金属服务器与虚拟机、物理服务器的差异。

云服务器与裸金属服务器的差异

目前市场上对外发布的裸金属服务器产品都有个共同的特性就是无特性损失、无性能损失，为什么要强调这个特性？

首先，因为裸金属服务器是相对虚拟云服务器而言的，正是为了弥补虚拟化以及云服务器的不足，因此裸金属服务器为企业级用户解决的正是无性能及特性上的损失。

其次，裸金属服务器与普通云服务器第二个不同在于裸金属服务器的资源归用户独享，而云服务器由多个租户共享物理资源。在使用云服务器承载企业业务的场景中，企业日常运营的业务流量不会使用户明显感受到与物理服务器有什么不同，但是当其他租户业务遭遇突发高负载的时候，用户的使用体验或多或少会受到影响，特别是对于一些对性能和稳定性比较敏感，而且要求很高的应用。

阿里云裸金属服务器与物理机、虚拟机的对比如表 2-8 所示。其中，Y 表示支持，N 表示不支持，N/A 表示暂无数据。

表 2-8　裸金属服务器与物理服务器、虚拟机的功能对比

功能分类	特性	裸金属服务器	物理服务器	虚拟机
计算	免性能损失	Y	N	Y
	免特性损失	Y	Y	N
	免资源争抢	Y	Y	N
存储	完全兼容 ECS 云盘系统	Y	Y	N
	使用云盘（系统盘）启动	Y	N	Y
	系统盘快速重置	Y	N	Y
	使用云服务器 ECS 的镜像	Y	N	Y
	物理机和虚拟机之间相互冷迁移	Y	N	Y
	免操作系统安装	Y	N	Y
网络	完全兼容专有网络	Y	N	Y
	完全兼容经典网络	Y	N	Y
	物理机集群和虚拟机集群间无通信瓶颈	Y	N	Y
管控	完全兼容 ECS 现有管控系统	Y	N	Y
	用户体验和虚拟机保持一致	Y	N	Y
	带外网络安全	Y	N	N/A

综上所述，对于关键类应用或性能要求较高的业务，如大数据集群、企业中间件系统等，并且要求安全可靠的运行环境，推荐使用裸金属服务器。

2.2.3　如何保证裸金属服务器上的数据安全

任何业务场景在任何时候，能不能保证云上数据安全是所有人最为关心的问题，公有云服务提供商针对云服务器采取了一系列安全加强措施以确保用户数据安全，但是对裸金属服务器的数据安全保障是如何实现的？

一般来说，裸金属服务器天然具备物理机级的性能和隔离性，企业级用户独占物理计算资源，摒弃了虚拟化开销对业务性能的影响，同时裸金属服务器采用高性能高可靠的服务器，在这些服务器上存储所有数据，自然也会更安全。

如同物理服务器一样，带有本地磁盘的裸金属服务器，支持本地磁盘组 RAID 实现冗余，磁盘数据冗余存储，极大地提升容错能力，确保数据安全。

还有一种情形是无本地磁盘的裸金属服务器，它支持从云硬盘启动。此外，裸金属服务器可以实现对云服务器的备份，从而增强备份保护，特别是支持基于多块云硬盘一致性快照技术的备份服务，并利用备份数据随时恢复服务器数据，最大限度保障用户数据的安全性和正确性，确保业务安全。

2.2.4　弹性裸金属技术的设计理念

弹性裸金属技术
的设计理念

裸金属服务器与普通云服务器之间存在两个最大差异，首先裸金属服务器的资源是用户独占使用的，而云服务器由多个租户共享物理资源，这就带来一种现象，即传统的虚拟化技术导致云平台上的资源争抢不可避免，进一步导致对性能、稳定性有较高要求的计算型业务受到不同程度的影响，其次传统虚拟化系统（例如 KVM）还会导致 CPU 计算特性的损失。

虽然云计算业务在业界已取得辉煌的成绩，在很多商业和个人领域得到广泛的应用，但在某些情况下，企业级用户希望获得更多的服务器控制权，包括硬件访问权、更优的性能、更可靠的稳定性服务，以及自由选择操作环境的能力。因此在这些既有痛点和大量需求的推动下，出现了云计算的另一种基础架构：裸金属服务器。

自从 2016 年以来，国内云计算市场上，众多云计算服务商陆续发布自己的裸金属服务器云产品。阿里云在 2017 年 10 月举行的发布会上正式发布其弹性裸金属服务器云产品，它的核心技术逻辑就是，通过技术创新使传统物理服务器具备虚拟机的弹性能力和相同的用户体验。这段话可以理解为，通过软硬件一体化的技术让传统物理服务器能够平滑接入公有云平台的管理系统，包括专有云网络和块存储云硬盘，以实现大量弹性网卡和云硬盘的设备接入。

本书仍然以阿里云弹性裸金属服务器为例具体讲解。首先，基于阿里云神龙硬件平台，IO 链路通过硬件和直通设备实现，代替了传统的软件实现手段；其次，存储虚拟化、网络虚拟化都在 MOC 卡上实现，并将云平台管控系统和监控程序都对接到 MOC 卡上；最后，在提供计算资源的物理服务器上，只需运行自定义的镜像和轻量化的虚拟机监控器。

至于其他公有云服务器提供商，基本采用的技术方案是基于服务器虚拟化的云服务环境之上使用裸金属技术，企业或用户业务应用可以访问、利用原生的物理硬件平台，例如访问内存和存储子系统，实现直接使用物理机的 CPU、内存和磁盘等物理资源。

2.2.5　裸金属服务器的应用场景

裸金属服务器的
应用场景及案例

裸金属服务器融合了云服务器与物理机的各自特点，通过技术创新为更多用户在不同云上业务场景下实现了价值。如图 2-7 所示是基于云计算创新技术的公有云服务提供商，为用户的不同业务需要，特别是对虚拟化云服务器进行有效补充，分别推出虚拟化服务器之上的云服务器实例和弹性裸金属服务器产品，以帮助用户覆盖更多应用场景，如安全合规、大数据场景、高性能计算等。

1. 安全合规

金融、证券等行业对业务部署等安全合规的要求极高，并且对数据安全、稳定性、操作可追溯等方面都有专门的要求。例如，政企、金融等领域关键的数据库业务必须通过资源专享、网络隔离、性能有保障的物理服务器承载。此外，弹性裸金属服务器还需保证数据隔离、资源独享，便于监管。

2. 大数据场景

弹性裸金属服务器还适用于互联网大数据相关业务，包含大数据存储、分析等典型业务，因为在退出情况下，弹性裸金属服务器会带有大容量存储空间的本地数据硬盘，用以存放结构化或非结构化数据，数据盘必须提供超高的读写能力才能满足用户对于性能的要求。

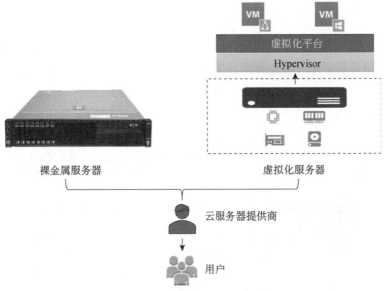

图 2-7 裸金属服务器与虚拟化服务器

3. 高性能计算

大型超算中心、DNA 基因测序等高性能计算需求场景在国内越来越普遍，这类场景的共同特点是处理的数据量大，对服务器的计算性能、稳定性、实时性等要求很高，如果采用虚拟化云服务器，就会带来虚拟化带来的性能损耗，以及高负载下资源的争抢，对整体稳定性造成影响，而弹性裸金属服务器影响很小，能够满足高性能计算的需求。

2.3 容器服务

任务描述

小周通过一段时间的学习和实践，逐步深入了解了虚拟化的各种技术。有一次在听同事们聊天时，同事小王说起 Docker 作为下一代虚拟化技术，正在改变传统 IT 的开发、测试、部署应用的模式。那虚拟机与 Docker 究竟有何不同呢？小周对此一知半解，因此他迫切地想知道 Docker 的基础知识，以及在公有云中容器服务所能提供的功能。

导师在听完小周的困惑后，简单地向他介绍了 Docker、Kubernetes 的基本概念，并且详细讲解了在公有云产品中容器服务所提供的功能，以及如何通过容器运行应用的流程，在此基础上导师还对小周布置了通过阿里云平台快速使用容器服务的任务。

2.3.1 什么是容器

经过前面知识的学习，相信读者应该对"云计算"一词非常熟悉了，

什么是容器

随着学习的不断深入和越来越多地接触云计算相关业务或产品，你可能会或多或少地听过一些这样的名词：Hypervisor、OpenStack、KVM、Xen、VMware Vsphere、Docker 和 K8S 等，这些都属于云计算的范畴，其实云计算本身属于一个非常宽泛的技术与服务范围，容器就是其中之一。

近些年来，容器技术越来越流行，实际上容器技术早已存在，它并不是一种一蹴而就诞生的全新概念，容器本身属于轻量化的虚拟化技术，是虚拟化技术中的一种，虚拟化技术目前主要有硬件虚拟化、半虚拟化和操作系统虚拟化等。

说起容器这个词，一般人的第一印象可能是生活中见到的用来盛放物品的瓶瓶罐罐，但是在 IT 范畴里，容器是英文单词 Linux Container 的直译，其中 Container 这个单词实际是集装箱的意思（见图 2-8），但是在中国国内，更多人把 Container 翻译为"容器"，这也更加贴切现实场景。

图 2-8　容器与集装箱

Linux Container 的缩写是 LXC，它是一种 Linux 下的内核虚拟化技术，提供轻量级的虚拟化，以便隔离进程和资源。LXC 所实现的隔离性主要来自内核的命名空间，其中 pid、net、ipc、mnt、uts 等命名空间将容器的进程、网络、消息、文件系统和 hostname 隔离开。LXC 容器有效地将由单个操作系统管理的资源划分到孤立的组中，以便更好地在孤立的组之间平衡有冲突的资源使用需求。与传统虚拟化技术相比，它的优势在于：

（1）与宿主机使用同一个内核，性能损耗小。

（2）不需要指令级模拟。

（3）不需要即时（Just-in-time）编译。

（4）容器可以在 CPU 核心的本地运行指令，不需要任何专门的解释机制。

（5）避免了准虚拟化和系统调用替换中的复杂性。

（6）轻量级隔离，在隔离的同时还提供共享机制，以实现容器与宿主机的资源共享。

简单地说，容器的本质就是一组受到资源限制、相互隔离的 Linux 进程。在其实现原理中，资源隔离技术是由 Linux 内核提供的，其中 namespaces 用来做访问隔离，这样就可以做到每个容器进程都有自己独立的进程空间，看不到其他进程。另外，cgroups 技术被用来实现资源限制（CPU、内存、存储、网络等资源），如图 2-9 所示。

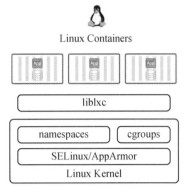

图 2-9 Linux 容器技术示意图

总的来说容器就是一种基于操作系统级别的隔离技术，这和基于 Hypervisor 的虚拟化技术复杂度大相径庭，因此被称为轻量化虚拟化技术。

2.3.2 Docker 容器技术

现在的 Docker 在技术圈中非常火热，几乎成为容器的代名词，让很多人误以为 Docker 就是容器，这是片面的认识，在容器的范畴里 Docker 并不能完全代表容器。前面提到的容器技术其实早已存在，而 Docker 只是属于容器服务中的一种，它是一个开源的应用容器引擎，也是一种创建容器的工具。

2008 年，Docker 公司凭借与公司同名的容器技术通过 dotCloud 正式推出了自己的容器服务。如图 2-10 所示的是 Docker 的形象 logo，可以看出 Docker 就是一个集船坞、货轮、装卸、搬运于一体的平台，通过它可以将用户的应用软件运输到任何地点，并实现迅速部署。

图 2-10 Docker 的形象 logo

Docker 容器是一个标准化的软件单元，它将代码及其所有依赖关系打包，以便应用程序从一个计算环境快速地运行到另一个计算环境。Docker 容器镜像是一个轻量的独立的可执行的软件包，包含程序运行时所需的一切：代码、运行时间、系统工具、系统库和设置。

容器技术 LXC 发展多年，一直不温不火，其中一个很重要的原因就是未能提供标准化的应用运行时环境，而以 Docker 为代表的容器技术，从一出生就以提供标准化的运行时环境为目标。借助 Docker，用户可将容器当作轻巧、模块化的虚拟机使用，从而实现对容器的高效创建、部署及复制，并能将其从一个环境安全、顺利地迁移至另一个环境，真正做到"Build，Ship and Run Any App，Anywhere"，即通过对应用组件的封装（Packaging）、分发（Distribution）、部署（Deployment）、运行（Runtime）等生命周期的管理，达到应用组件级别的"一次封装，到处运行"。

简单来说，Docker 将任何类型的应用和它的依赖打包成为一个标准的、轻量级的、便携的、独立的集装箱，让各类应用都支持一套标准的运作模式，只要安装了 Docker 程序的服务器都可以运行。

2.3.3 了解 Kubernetes

在国内，Docker 容器技术越来越被人们熟知，随着容器应用的井喷式发展，人们逐渐发现一个问题，就是当希望将 Docker 应用于具体的业务实现时，Docker 是存在一些困难的，困难点包括编排、管理和调度等各个方面。于是，人们迫切需要一套管理系统，对 Docker 及容器进行更高级更灵活的管理。

就在这个时候，K8S 的出现弥补了这个空白，K8S 是一种基于容器的集群管理平台，英文全称是 Kubernetes。Kubernetes 是一套自动化容器运维的开源平台，是一种可自动实施 Linux 系统下容器操作的开源平台，通过 Kubernetes 可以帮助用户省去应用容器化过程的许多手动部署和扩展操作，简单来讲就是可以将运行 Linux 容器的多组主机聚集在一起，由 Kubernetes 负责管理这些集群。

Kubernetes 和 Docker 可以说在技术上互为补充。通常容器开发者首先会使用 Docker 进行应用的开发，然后用 Kubernetes 在生产环境中对应用进行编排。Kubernetes 对比 Docker 技术来看，可以将 Docker 看作是 Kubernetes 内部使用的低级别的组件，而 Kubernetes 则是管理 Docker 容器的工具，如图 2-11 所示。

图 2-11　Kubernetes 与 Docker 互补

Kubernetes 这个名字源于希腊语，意为"舵手"或"飞行员"，Kubernetes 经常被写作 K8S，其中的数字 8 替代了 K 和 s 中的 8 个字母，Kubernetes 最初由美国 Google 公司开发和设计，之后在 2014 年 6 月由 Google 公司正式公布出来并宣布开源。

现如今，Kubernetes 作为一个被 IT 界和学术界广泛认可全面化的容器编排系统，已经被看作是当前最优秀的 Docker 容器下的分布式系统解决方案。通常在这样的解决方案中，容器开发者使用自己擅长的编程语言去编写代码实现功能，之后利用 Docker 进行打包、测试和交付，最后在测试环境或生产环境中的运行过程一般都交给 Kubernetes 来完成。

2.3.4　Kubernetes 的基础知识

Kubernetes 是一个自动化部署、伸缩和操作应用程序容器的开源平台，在测试及生产环境中通常被用于管理云平台中多个主机上的容器化应用程序。通过 Kubernetes 可以帮助企业用户确保这些容器化的应用程序在任意时间、任意地点运行。

Kubernetes 的
基础知识

1. Kubernetes 的核心技术概念

学习 Kubernetes 中的主要技术概念是掌握 Kubernetes 的基础，只有通过深入理解 Kubernetes 的基本术语，才能了解各个组件的功能，从而能够熟练地部署和维护 Kubernetes 应用。

1）集群

集群，又称 Cluster，它由一组被称作节点的机器组成。这些节点上运行 Kubernetes 所管理的容器化应用程序。集群具有至少一个工作节点。集群通常是计算、存储和网络资源的集合，Kubernetes 利用这些资源运行各种基于容器的应用。在公有云中，集群指的是容器运行所需要的云资源组合，关联了若干服务器节点、负载均衡、专有网络等云资源。

2）Master

Master 在 Kubernetes 架构中是集群的大脑，又称为 Master 节点，它的主要职责是调度，即通过 Master 节点的调度策略来决定将容器应用放在哪里运行。一般情况下，在每个 Kubernetes 集群中，都至少有一个 Master 节点来负责整个集群的管理和控制，几乎所有的 Kubernetes 集群控制命令，都在 Master 节点上执行。

3）节点

节点又称 Node，Kubernetes 将集群中的工作机器称作节点。节点由 Master 管理，它的职责是运行容器应用、负责监控并汇报容器的状态，并根据 Master 的要求管理容器的生命周期。在公有云中，节点是组成容器集群的基本元素。节点取决于业务，可以为虚拟机或物理机。每个节点都包含运行 Pod 所需要的基本组件，包括 Kubelet、Kube-Proxy 等。

4）Pod

Pod 是 Kubernetes 部署应用或服务的最小的基本单位，它由相关的一个或多个容器构成，一个 Pod 中的容器共享存储和网络空间。简单来说，Pod 表示用户集群上一组正在运行的容器，所谓一组是指一个 Pod 封装多个应用容器（也可以只有一个容器）、存储资源、一个独立的网络 IP 以及管理控制容器运行方式的策略选项。Pod 在 Node 上被创建、启动或者销毁。

5）服务

在 Kubernetes 中，服务（Service）定义了外界访问一组特定 Pod 的方式。服务有自己的 IP 和端口，并把这个 IP 和后端的 Pod 所"跑"的服务关联起来。它是将运行在一组 Pod 上的应用程序公开为网络服务的抽象方法。服务有一个固定 IP 地址，它将访问流量转发给 Pod，而且服务可以给这些 Pod 做负载均衡。每一个服务后面都有很多对应的容器来提供支持，通过 Kube-Proxy 的 ports 和服务 selector 决定服务请求传递给后端的容器，对外表现为一个单一访问接口。

6）Deployment

Deployment 是管理应用副本的 API 对象，通常通过运行没有本地状态的 Pod 来实现。Deployment 是对 Pod 的服务化封装。一个 Deployment 可以包含一个或多个 Pod，每个 Pod 的角色相同，所以系统会自动为 Deployment 的多个 Pod 分发请求。

7）存储卷

Kubernetes 集群中的存储卷与 Docker 的存储卷有些类似，只不过 Docker 的存储卷的作用范围为一个容器，而 Kubernetes 的存储卷的生命周期和作用范围是一个 Pod。每个 Pod 中声明的存储卷由 Pod 中的所有容器共享。

8）命名空间

命名空间（Namespaces）是 Kubernetes 为了在同一物理集群中支持多个虚拟集群而使用的一种抽象。一个 Kubernetes 集群支持设置多个命名空间，每个命名空间相当于一个相对独立的虚拟空间，不同空间的资源相互隔离互不干扰。集群可通过命名空间对资源进行分区管理。

2. Kubernetes 的主要组件

一个 Kubernetes 集群由一组被称作节点的机器组成。这些节点上运行 Kubernetes 所管理的容器化应用程序。集群至少具有一个工作节点，工作节点托管作为应用负载的组件的 Pod。

Kubernetes 部署成功后，即可拥有一个完整的集群。图 2-12 展示的是包含所有相互关联组件的 Kubernetes 集群。

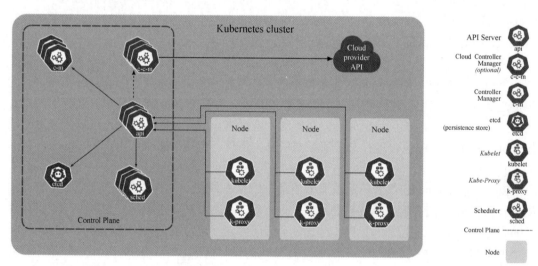

图 2-12　Kubernetes 组件示意图

1）API 服务器（Kube-API Server）

API 服务器是 Kubernetes 控制平面的组件，该组件公开了 Kubernetes API。API 服务器是 Kubernetes 控制平面的前端。API 服务器一般作为集群的统一入口、各组件协调者，以 HTTP API 提供接口服务，所有对象资源的增删改查和监听操作都交给 API Server 处理后再提交给 etcd 存储。

2）etcd

etcd 是兼具一致性和高可用性的分布式键值数据库，用于保持 Kubernetes 的集群状态，比如 Pod、服务等对象信息。

3）Kube-Scheduler

控制平面组件，根据调度算法为新创建的 Pod 选择一个 Node 节点，主要作用是用来负责监视新创建的、未指定运行节点（Node）的 Pod，选择节点让 Pod 在上面运行。

4）控制器管理器

控制器管理器，英文为 Kube Controller Manager，它是 Kubernetes 中运行控制器进程的控制平面组件，用来处理集群中常规后台任务，一个资源对应一个控制器，而 Kube Controller Manager 就是负责管理这些控制器的。

5）Cloud Controller Manager，即云控制器管理器

云控制器管理器是指嵌入特定云的控制逻辑的控制平面组件。云控制器管理器使得你可以将你的集群连接到云提供商的 API 之上，并将与该云平台交互的组件同与你的集群交互的组件分离开来。与 Kube Controller Manager 类似，Cloud Controller Manager 将若干逻辑上独立的控制回路组合到同一个可执行文件中，供你以同一进程的方式运行。你可以对其执行水平扩容（运行不止一个副本）以提升性能或者增强容错能力。

6）Kubelet

Kubelet 是在集群中的每个节点（Node）上运行的一个代理，它保证容器都运行在 Pod 中。Kubelet 是 Master 在 Node 节点上的 Agent，管理本机运行容器的生命周期，比如创建容器、Pod 挂载数据卷、下载 secret、获取容器和节点状态等工作。Kubelet 将每个 Pod 转换成一组容器。

7）Kube-Proxy

Kube-Proxy 是集群中每个节点上运行的网络代理，实现 Kubernetes 服务（Service）概念的一部分，Kube-Proxy 在 Node 节点上实现 Pod 网络代理，维护网络规则和四层负载均衡工作。

2.3.5　公有云容器服务的产品功能

容器技术及应用在企业用户内的基础设施运营、微服务治理以及持续集成与交付等场景发挥巨大的价值，现如今各家公有云服务提供商都纷纷推出自己的云容器服务。下面以阿里云上的容器服务 Kubernetes 版来了解基于公有云的容器服务器产品功能。

公有云容器服务
的产品功能

随着 Kubernetes 在全世界范围的广泛应用，不少公有云平台都推出自家的容器服务，其中阿里云容器服务 Kubernetes 版（简称容器服务 ACK）是全球首批通过 Kubernetes 一致性认证的容器服务平台，作为国内最大规模的公有云容器集群，提供高度可扩展的、高性能的企业级 Kubernetes 集群，提供高性能的容器应用管理服务，支持企业级 Kubernetes 容器化应用的生命周期管理。容器服务 ACK 针对不同托管深度需求的用户，提供分层透明化

的底层资源托管能力，使得企业用户可以更加专注于应用程序内部，而不是资源层面的问题。如图 2-13 所示的是阿里云容器服务的产品线。

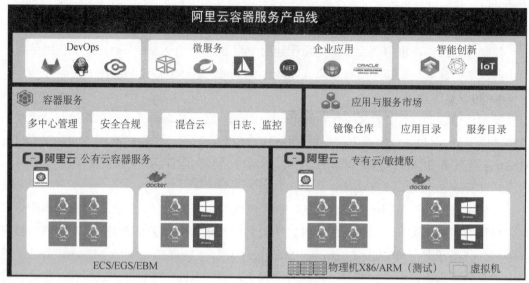

图 2-13　阿里云容器服务的产品线

阿里云容器服务 ACK 包含了专有版 Kubernetes（Dedicated Kubernetes）、托管版 Kubernetes（Managed Kubernetes）、Serverless Kubernetes 三种形态，产品功能介绍如下。

1. 集群管理

阿里云容器的集群管理模块分为集群创建、集群升级、弹性伸缩、多集群管理和授权管理等。

● 集群创建，企业用户可根据需求创建多种形态集群，选择类型丰富的工作节点，并进行灵活的自定义配置。

● 集群升级支持一键升级 K8S 版本，统一管理系统组件升级。企业用户可以通过容器服务管理控制台，可视化升级集群的 Kubernetes（K8S）版本。可以在 Kubernetes 集群列表页面查看集群的 Kubernetes 版本，以及当前是否有新的版本可供升级。集群升级的过程包含升级前置检查、升级 Master（专有版会展示当前正在升级的 Master 编号）、升级 Node（会展示已经升级的节点数和总节点数）。

● 弹性伸缩是指通过控制台一键垂直扩缩容来快速应对业务波动，同时支持服务级别的亲和性策略和横向扩展。

● 多集群管理可以支持线下 IDC 和多云多区域的集群统一接入，实现混合云应用管理。

● 授权管理，在容器服务中提供授权管理，支持 RAM 授权和 RBAC 权限管理。

2. 节点池

节点池是集群中具有相同配置的一组节点，节点池可以包含一个或多个节点。创建集群时指定的节点数和配置将成为默认节点池，用户可以向集群添加其他不同大小和类型的节点池。用户可以创建和升级节点池而不会影响整个集群。

通过节点池，用户可以更方便地对节点进行分组管理，比如节点运维、节点配置、开启节点自动弹性伸缩、批量管理、指定调度等。

3. 应用管理

容器 ACK 的应用管理分为如下几个部分：

（1）应用创建。支持多种类型应用，从镜像、模板的创建，到支持环境变量、应用健康、数据盘、日志等相关配置。

（2）应用全生命周期。支持应用查看、更新、删除，以及应用历史版本回滚、应用事件查看、应用滚动升级、应用替换升级以及通过触发器重新部署应用。

（3）应用调度。支持节点间亲和性调度、应用间亲和性调度、应用间反亲和性调度三种策略。

（4）应用伸缩。支持手动伸缩应用容器实例、HPA 自动伸缩策略。

（5）应用发布。支持灰度发布和蓝绿发布。

（6）应用目录。支持应用目录，简化云服务集成。

（7）应用中心。应用部署后，以统一的视角展现整体应用的拓扑结构，同时对于持续部署等场景进行统一的版本管理与回滚。

（8）应用备份和恢复。支持对 Kubernetes 应用进行备份和恢复。阿里云容器服务备份中心为集群内的有状态应用提供灾难备份和恢复能力，对于 Kubernetes 集群内的有状态应用的崩溃一致性、应用一致性及跨地域的灾难恢复提供了一站式的解决方案。

4. 存储

阿里云容器服务除支持本地磁盘存储外，还支持将工作负载数据存储在阿里云的云存储上，具体分为两个部分。

1）存储插件

支持 Flexvolume 及 CSI 存储插件。阿里云容器服务 ACK 的容器存储功能基于 Kubernetes 容器存储接口（CSI），深度融合阿里云存储服务云盘 EBS、文件存储 NAS/CPFS，以及对象存储 OSS、本地盘等，并完全兼容 Kubernetes 原生的存储服务，例如 EmptyDir、HostPath、Secret、ConfigMap 等存储。同时，通过 Flexvolume 插件支持自动绑定阿里云云盘、阿里云文件存储 NAS（Network Attached Storage）、阿里云对象存储 OSS（Object Storage Service）等服务。

2）存储卷和存储声明

支持创建块存储、NAS、OSS、CPFS 类型的存储卷；支持持久化存储卷声明（PVC）挂接存储卷；支持存储卷的动态创建和迁移；支持以脚本方式查看与更新存储卷和存储声明。

5. 网络

容器服务的网络部分，阿里云支持 Flannel 容器网络和 Terway 容器网络，支持定义 Sevice 和 Pod 的 CIDR，支持 NetworkPolicy，支持路由 Ingress，支持服务发现 DNS。

6. 运维安全

在容器服务中，运维安全可谓重中之重，安全、及时、可靠的运维服务是容器应用能够顺利完成各项服务的前提。阿里云容器服务 ACK 从以下 4 个维度保障运维的安全。

1）可观测性

可观测性包含 3 个部分，分别是

➤ 监控：支持集群、节点、应用、容器实例层面的监控；支持 Prometheus 插件。

➤ 日志：支持集群日志查看；支持应用日志采集；支持容器实例日志查看。

➤ 报警：支持容器服务异常事件报警，以及容器场景指标报警。

2）成本分析

支持可视化集群资源使用量及成本分布，以提升集群资源利用率。

3）安全中心

支持运行时刻的安全策略管理，应用安全配置巡检和运行时刻的安全监控和告警，提升容器安全整体纵深防御能力。

4）安全沙箱

可以让应用运行在一个轻量虚拟机沙箱环境中，拥有独立的内核，具备更好的安全隔离能力。它适用于不可信应用隔离、故障隔离、性能隔离、多用户间负载隔离等场景。

5）机密计算

基于 Intel SGX 提供的可信应用或用于交付和管理机密计算应用的云原生一站式机密计算平台，可以帮助用户保护数据使用中的安全性、完整性和机密性。机密计算可以让用户把重要的数据和代码放在一个特殊的可信执行加密环境中。

2.3.6 容器服务中使用容器运行应用的流程

企业用户的应用代码提供容器服务可部署在线下或者云上，一般来说，应用代码的开发者不论使用何种语言，用户都可以将其以容器化的方式部署、交付及运行。

容器服务的应用场景及案例

如图 2-14 所示的是从开发代码到运行容器化应用，大致需要以下 4 个阶段。

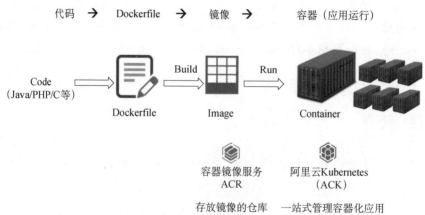

图 2-14　阿里云容器化应用的 4 个阶段

- ➤ 编写代码。
- ➤ 使用 Dockerfile 构建镜像。
- ➤ 上传镜像至镜像仓库。
- ➤ 运行容器化应用。

术 语 解 释

　　Dockerfile：Dockerfile 是一个文本文件，包含了将代码打包成镜像所需的指令。

　　镜像：镜像是软件交付的载体。相比传统的如 JAR、WAR、RPM 包等，除了代码外，镜像还包含应用所依赖的软件环境（容器运行时所需要的所有的文件集合）。使用镜像可以快速生成一个容器，即运行的应用。

　　容器：一组具有隔离特性的进程集合，其特点是视图隔离、资源可限制、具备独立文件系统。

2.3.7　通过公有云控制台快速使用容器服务

云容器技术与虚拟机技术对比

　　这里通过阿里云容器服务 ACK 的实际例子，向读者演示如何通过公有云上的控制台在容器集群中快速部署并公开一个容器应用。本书使用的是阿里云官方提供的容器例子：ACK-Cube，即魔方游戏。该游戏将通过容器镜像部署到阿里云 ACK 容器集群中。

　　1. 步骤一：使用容器服务的前提条件

　　企业用户想在阿里云公有云控制台上使用容器服务，首要条件是注册阿里云账号并完成实名认证。

　　注册阿里云账号的步骤如下。

　　（1）访问阿里云账号注册页面。

　　（2）阿里云允许用户通过已有第三方账号快捷注册，如支付宝、淘宝、微博账号等。

　　➤ 支付宝。在移动端，打开支付宝 App，扫描注册页面上的二维码，并填写阿里巴巴发送给你的校验码。单击"确认登录"按钮。

　　➤ 淘宝。单击注册提示框左下角的淘宝图标。

　　输入已有的淘宝用户名和密码，然后单击"确认授权"按钮；根据页面提示完成登录验证。

　　➤ 微博账号。单击注册提示框左下角的微博图标；在移动端，打开微博 App，扫描页面上的二维码。单击"确认登录"按钮；根据页面提示完成注册。

　　2. 步骤二：开通并授权容器服务 ACK

　　使用者首次使用时，需要开通容器服务 ACK，并为其授权相应云资源的访问权限，具体分为 6 个步骤，如下所示：

　　（1）登录容器服务 ACK 开通页面。

（2）阅读并选中容器服务 ACK 服务协议。

（3）单击"立即开通"按钮。

（4）登录容器服务管理控制台。

（5）容器服务需要创建默认角色页面，先单击"前往 RAM 进行授权"按钮进入云资源访问授权页面，然后单击"同意授权"按钮。

（6）完成以上授权后，刷新控制台即可使用容器服务 ACK。

3. 步骤三：创建 ACK Pro 版集群

在阿里云控制台上快速创建一个 ACK Pro 版集群，分为 7 个步骤，具体过程如下：

（1）登录容器服务管理控制台。

（2）在控制台左侧导航栏中，单击"集群"选项。

（3）在集群列表页面中，单击页面右上角的"创建集群"按钮。

（4）在 ACK 托管版页面下，配置相关的集群参数，如图 2-15 所示，未说明的参数则保留默认设置即可。

（5）进行下一步操作——节点池配置，配置如图 2-16 所示的相关参数，未说明的参数则保留默认设置即可。

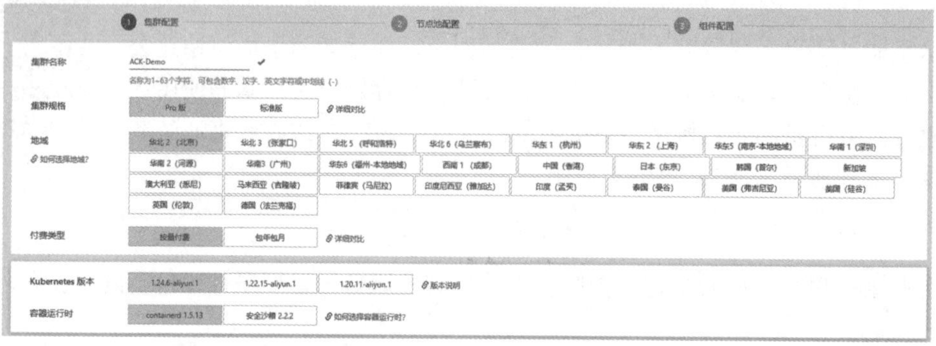

（a）

（b）

图 2-15　配置 ACK 容器集群参数

（c）

图 2-15　配置 ACK 容器集群参数（续）

（a）

（b）

图 2-16　节点池配置参数

（6）进行下一步操作——组件配置，所有组件使用默认配置。

（7）进行下一步操作——确认配置，选中并阅读服务协议，单击"创建集群"按钮。

4. 步骤四：部署并公开应用

在新创建的 ACK 集群中快速部署一个无状态应用（Deployment 在本书中以魔方游戏为例），容器部署成功后，并将该应用向公网公开，具体步骤如下所示：

（1）在集群列表页面中，单击"目标集群名称"（即 ACK-Demo）。

（2）在集群管理页左侧导航栏中，选择"工作负载"→"无状态"。

（3）在无状态页面中，单击"使用镜像创建"按钮。

（4）在应用基本信息页面，设置应用名称为 ack-cube。

（5）进行下一步操作，在容器配置页面，如图 2-17 所示，配置容器的相关参数，具体参数含义请参考表 2-9 中的内容。

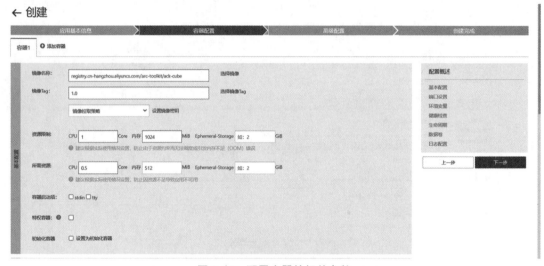

图 2-17　配置容器的相关参数

表 2-9　容器参数说明

参数	说明
镜像名称	直接输入不包含镜像 Tag 的镜像地址或通过单击镜像来选择所需的镜像。 示例：输入 registry.cn-hangzhou.aliyuncs.com/acr-toolki t/ack-cube
镜像 Tag	单击镜像 Tag 选择镜像的版本。若不指定，默认为最新版。示例：1.0
资源限制	根据需要为该应用指定所能使用的资源上限，防止占用过多资源。 示例：1 Core，内存 1024 MB，Ephemeral-Storage 为空
所需资源	根据需要为该应用指定预留的资源额度，防止因资源不足而导致应用不可用。 示例：0.5 Core，内存 512 MB，Ephemeral-Storage 为空
端口	设置容器的端口。示例：ack-cube，80，TCP（注图 2-17 中未显示）

（6）进行下一步操作，在高级配置页面，单击服务（Service）右侧的"创建"按钮。

（7）在打开的"创建服务"对话框中，参考图 2-18，设置服务的相关参数，单击"创建"按钮，以通过该服务公开 ack-cube 应用，即魔方游戏应用。

5. 步骤五：部署并公开应用

（1）在高级配置页面，单击页面右下角的"创建"按钮。

创建服务　　　　　　　　　　　　　　　　　×

名称:	ack-cube-svc
命名空间:	default

类型:　负载均衡　　　　　　　　　公网访问

新建SLB　　　　　　　简约型（slb.s1.small）修改

❶请根据自己业务选择SLB规格，SLB计费详情清参考产品定价；自动新建的SLB在Service删除时会被删除。

外部流量策略:　Local　　　　　　❶外部流量策略功能对比

端口映射:　❶ 添加

名称 ❶	服务端口	容器端口	协议
	80	80	TCP ⊖

注解:　❶ 添加

标签:　❶ 添加

　　　　　　　　　　　　　　　　　创建　　取消

图 2-18　设置服务的相关参数

（2）创建应用任务提交成功后，默认进入创建完成页面，如图 2-19 所示，该页面会列出应用包含的对象，可以单击"查看应用详情"按钮进行查看。

← 创建

创建应用任务已提交

创建部署	ack-cube	成功
创建Service	ack-cube-svc	成功

查看应用详情

图 2-19　创建应用任务提交成功

6. 步骤六：访问测试公开的应用

经过前面的步骤，我们已经完成快速创建容器应用及公开发布了一个应用。接下来通过服务（Service）来访问新部署的容器化应用。

（1）在集群列表页面中，单击目标集群名称。

（2）在集群管理页左侧导航栏中，依次选择"网络"→"服务"。

（3）在服务列表页面，找到新创建的服务（即 ack-cube-svc），单击外部端点列的 IP 地址，即可访问魔方游戏应用，如图 2-20 所示。

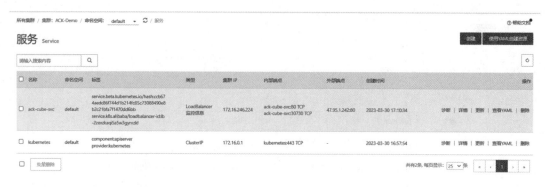

图 2-20　访问公开的应用

7. 步骤七：监控应用

容器应用发布成功后，并不是就此万事大吉了，保证容器应用的顺利可靠运行是容器服务运营的必备过程，在阿里云容器服务中可以通过监控容器应用的运行状况，如 CPU 利用率、内存利用率、网络 I/O 压力等指标。具体步骤介绍如下：

（1）在集群列表页面中，单击目标集群名称。

（2）在集群管理页左侧导航栏中，依次选择"运维管理"→"Prometheus 监控"。

（3）在 Prometheus 监控界面，单击"跳转到 Prometheus 服务"（见图 2-21（a）），单击"deployment"页签，选择"Deployment"（见图 2-21（b）），再选择命名空间为 default，选择 deployment 为 ack-cube。结果如图 2-21（c）所示。

图 2-21　Prometheus 监控

（c）

图 2-21 Prometheus 监控（续）

（4）在 Prometheus 监控页面，单击"跳转到 Prometheus 服务"（见图 2-22（a）），选择 "deployment"页签（见图 2-22（b）），再选择"Deployment"，选择命名空间为 default，选择 deployment 为 ack-cube，结果如图 2-22（c）所示。

（a）

（b）

图 2-22 Prometheus 中的单个 Pod 资源使用情况

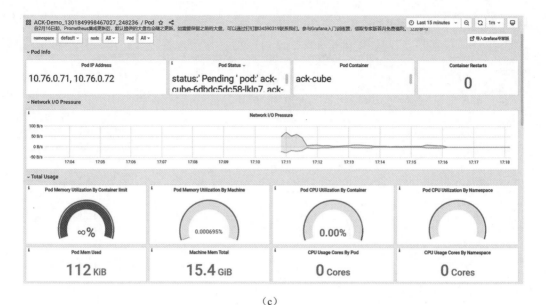

（c）

图 2-22　Prometheus 中的单个 Pod 资源使用情况（续）

2.4　弹性伸缩

任务描述

云服务器、弹性裸金属服务器，这些属于基础的云计算应用实例，这些实例面向的用户可以是普通个人用户，也可以是企业级用户，各级别用户将应用业务，如 Web 服务、数据库等搬迁到云上运行的好处之一是能够降本增效，但很多时候由于用户不能准确地评估业务需求，导致云计算实例等云上资源浪费，或出现业务需求井喷导致不能对外提供服务的情况出现。

针对以上场景，小周通过向导师请教，以及自己网络搜索资料得知云计算中有一种弹性伸缩的技术可以很好地解决上述问题。弹性伸缩是根据用户的业务需求和策略，自动调整计算资源的管理服务，它具有自动化、降成本、高可用、灵活智能等优势。

因此，小周接下来要了解弹性伸缩的概念、应用场景，学习并掌握弹性伸缩的工作流程，并利用阿里云的实际例子快速学习如何使用弹性伸缩，以及如何通过阿里云搭建弹性伸缩的 Web 应用。

2.4.1　什么是弹性伸缩

目前移动互联网、手机支付已经深入到当今社会的人们日常生活中，
生活方式、消费使用习惯在最近几年发生了巨大的变化，尤其在新闻资讯、
电子商务、娱乐和在线教育等领域。比如，在新闻资讯方面，社会热点话题和热搜事件会非常快速、大范围地传播。而在高校课堂教育以及成人职业教育领域，学生们会通过各种智能设备在任意地点随时加入在线课堂学习。这些现象的发生，都对所在行业的 IT 业务架

什么是弹性伸缩

构和应用系统是否能够支撑突发流量激增，以及能否快速应对提出了挑战。

在这种背景下，具备横向扩展的应用架构和弹性伸缩的调度能力，成为支撑企业业务发展的关键因素。

所谓弹性伸缩（Auto Scaling）是根据业务需求和策略自动调整计算能力（即云服务器实例数）的服务。用户可设定时间周期性地执行管理策略或创建实时监控策略，来管理实例数量。在业务需求增长时，弹性伸缩自动增加指定类型的实例，来保证计算能力；在业务需求下降时，弹性伸缩自动减少指定类型的实例，来节约成本。弹性伸缩不仅适合业务量不断波动的应用程序，同时也适合业务量稳定的应用程序。

一般来说，公有云的弹性伸缩可以根据业务需求，自动创建或者移出云服务器实例。以阿里云弹性伸缩为例，用户需要配置以下组件。

1. 伸缩组

伸缩组是用来管理一组具有相同应用场景、相同实例类型的实例。使用者需要指定伸缩组类型（即阿里云 ECS，用于指定提供计算能力的实例类型）、实例配置来源、边界值（即最大实例数和最小实例数）等。如果企业用户有多个应用场景，则可以创建多个伸缩组。

2. 实例配置来源

实例配置来源用来管理阿里 ECS 实例使用的模板信息。在应用弹性扩张时，弹性伸缩使用 ECS 类型的模板信息创建 ECS 实例。

3. 伸缩规则

创建伸缩规则的目的是用来触发伸缩活动，比如增加 1 台云服务器实例。使用者既可以手动执行伸缩规则，也可以通过报警任务或定时任务执行伸缩规则。

4. 报警任务

通过云监控系统，实时监测伸缩组的各项指标，在指标满足配置的阈值条件时，执行相应的伸缩规则。

5. 定时任务

定时任务用于在指定时间执行相应的伸缩规则。弹性伸缩必须配置并启用了伸缩组和组内实例配置来源，其他组件才可以按需配置。

弹性伸缩的一般使用流程如图 2-23 所示。

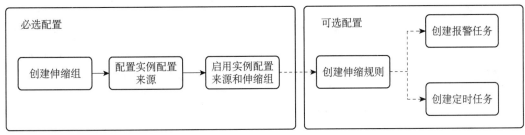

图 2-23　阿里云弹性伸缩流程图

2.4.2 弹性伸缩的应用场景及限制

弹性伸缩的应用
场景及限制

利用弹性伸缩技术和相关规则，根据定时计划或系统负载变化趋势，帮助企业用户自动完成资源的按需扩容或缩容。本章节简要介绍一些云上弹性伸缩的典型应用场景以及使用上的限制。

1. 应用场景

1）周期性、有规律的业务量波动

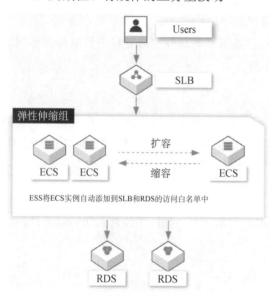

图 2-24　规律性弹性伸缩服务

某企业自研并发布的 Web 应用服务存在明显的峰谷变化，比如企业视频网站，每天 21 点至凌晨 0 点之间访问量会突增，如果采用弹性伸缩的策略，那么企业无须提前准备大量云服务器，只需通过配置弹性伸缩组及合适的伸缩策略，系统就能根据设置的伸缩策略自动地调整（增加或减少）云服务器资源的数量，在确保 Web 应用稳定提供服务的同时，大大降低系统稳定运行的成本。

图 2-24 展示的是阿里云面对企业周期性的并且有规律的业主量激增时，弹性伸缩的使用流程，弹性伸缩在视频网站使用率高的时候实现自动扩展资源，而在视频网站使用率低的时候自动释放资源，这样做既提高了云服务整体的资源利用率，也尽量降低客户的花费，减少成本支出。

2）无规律的业务量波动

现代社会热点新闻的播报渐渐呈现出无规律的特性，热点或突发事件出现，新闻资讯类等新闻网站出现访问量突增，一旦新闻的时效性或热点降低后，网站的访问量回落，这种业务量波动无明显规律，访问量突增和回落的具体时间难以预测，所以手动调整云服务器实例很难做到及时性，而且调整数量也不确定。

各家公有云服务提供商均有弹性伸缩业务，但具体的适用场景并不相同，在阿里云产品系列里，针对突发热点造成的企业新闻网站或软件应用服务流量激增，提供了一种新型的弹性伸缩服，即阿里云自动根据 CPU 利用率、应用负载、带宽利用率等衡量指标进行弹性伸缩，如以下两种示例。

示例一：企业用户可以设置两个报警任务，报警任务执行的伸缩规则配置为简单规则类型。一个报警任务用于在云服务器实例的 CPU 利用率超过 70%时，自动为用户增加 3 台云服务器实例；另一个报警任务用于在云服务器实例的 CPU 利用率低于 30%时，自动为用户减少 3 台云服务器实例。

示例二：可以设置一个报警任务，报警任务执行的伸缩规则配置为目标追踪规则类型，使云服务器实例的 CPU 利用率一直维持在 50%左右。

3）提前部署扩缩容

这种类型的场景一般是企业用户明确何时需要扩缩容，则可提前设置 Auto Scaling 的定时策略。当满足相应时间时，云服务系统将自动添加或减少云服务器实例，无须人工等待。

2. 弹性伸缩的使用限制

在应用系统中添加弹性伸缩后，使用时有一定的限制，分为功能限制与数量限制，具体使用限制内容如下所示。

1）功能限制

➢ 部署在伸缩组内云服务器实例上的应用必须是无状态并且可横向扩展的。

➢ 伸缩组内云服务器实例可能会被自动释放，因此不适合保存会话记录、应用数据、日志等信息。

➢ 弹性伸缩不支持自动将云服务器实例添加到 Memcache 实例的访问白名单中，需要自行添加。

➢ 如果某个伸缩组关联的 RDS 实例、ALB 服务器组、CLB 实例或者 CLB 实例的后端服务器组被删除，则伸缩组自动解除与该资源的关联。

➢ 如果某个伸缩组内自动触发的伸缩活动连续失败超过 30 天，弹性伸缩系统巡检会暂停该伸缩组自动触发伸缩活动的功能，并通过短信或者邮件向用户发送通知。

2）数量限制

单个账号使用弹性伸缩时的数量限制如表 2-10 所示。

表 2-10　单个账号使用弹性伸缩时的数量限制

名称	描述	配额
单次自动扩缩容可加入或删除的 ECS 实例总数	略	500
单个伸缩配置中的多实例规格总数	略	10
单个伸缩组内的事件通知总数	略	6
单个伸缩组内的生命周期挂钩总数	略	6
伸缩组总数	用户在该地域下可拥有的伸缩组总数	50
单个伸缩组内的伸缩配置总数	用户每个伸缩组内可拥有的伸缩配置总数	10
单个伸缩组内的伸缩规则总数	用户每个伸缩组内可拥有的伸缩规则总数	50

2.4.3　弹性伸缩的工作流程

弹性伸缩为用户提供了丰富的伸缩功能，适用各种业务量有变化的场景。当企业用户的业务需求量存在有规律或无规律的波动时，弹性伸缩能够实现自动调整指定类型的实例数量，从而满足可靠的业务需求。

弹性伸缩的
工作流程

为更好地理解弹性伸缩的价值，本章节学习弹性伸缩的具体工作流程，先来看图 2-25，图中所示的流程是阿里云弹性伸缩的工作流程。

在图 2-25 中，当用户创建好伸缩组，并设置好伸缩配置、伸缩规则、伸缩触发任务后，云系统会自动执行以下步骤。

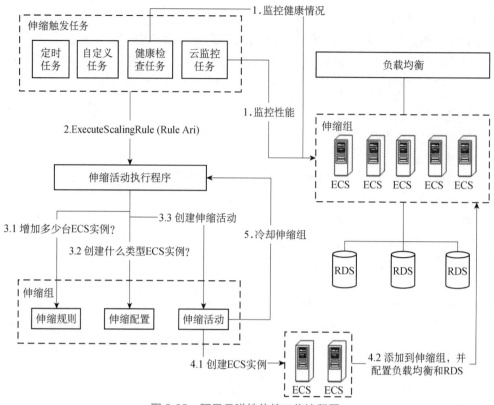

图 2-25　阿里云弹性伸缩工作流程图

步骤一：伸缩触发任务按照生效条件来触发伸缩动作。

触发弹性伸缩任务的四个步骤分别是：

（1）云监控任务会实时监控伸缩组内云服务器实例的性能，并根据用户配置的报警规则（如伸缩组内所有实例一段周期内 CPU 平均值大于设定的阈值）触发执行伸缩规则请求。

（2）定时任务会根据用户配置的时间来触发执行伸缩规则请求。

（3）可以根据自己的监控系统及相应的报警规则来触发执行伸缩规则请求。

（4）健康检查任务会定期检查伸缩组和实例的健康情况，如发现有不健康的实例（如为非 Running 状态）会触发执行移出该异常实例的请求。

步骤二：云系统自动通过 ExecuteScalingRule 接口触发伸缩活动，并在该接口中指定需要执行的伸缩规则的云资源唯一标识符。如果是用户自定义的任务，则需要用户在自己的程序中调用接口来实现。

步骤三：根据步骤二传入的伸缩规则的标识符获取伸缩规则、伸缩组、伸缩配置等的相关信息，并创建伸缩活动。

（1）在这个环节，可通过伸缩规则的标识符查询伸缩规则以及相应的伸缩组信息，计算出需要增加的实例数量。

（2）通过伸缩组查询到相应的伸缩配置信息，即获得了需要创建的实例的配置信息（CPU、内存、带宽等）。

（3）根据需要增加实例数量、配置信息，再根据需要配置的负载均衡实例来创建伸缩活动。

步骤四：在伸缩活动中，自动创建实例并配置负载均衡和 RDS 云数据库。

（1）按照实例配置信息创建指定数量的实例。

（2）将创建好的实例的内网 IP 添加到指定的 RDS 云数据库实例的访问白名单当中，将创建好的实例添加到指定的负载均衡实例当中。

步骤五：伸缩活动完成创建后，启动伸缩组的冷却功能。待冷却时间完成后，该伸缩组才能接收新的执行伸缩规则请求。

2.4.4　快速使用弹性伸缩

本章节通过阿里云的弹性伸缩产品，向读者演示如何在公有云上快速使用弹性伸缩服务。弹性伸缩的使用流程如图 2-26 所示。

图 2-26　弹性伸缩的使用流程

1. 创建伸缩组

当使用弹性伸缩管理业务所用的阿里云云服务器（ECS）实例时，伸缩组是基本的管理单元。伸缩组用于管理有相同应用场景的实例，并支持关联多个负载均衡实例和 RDS 云数据库实例。

2. 创建伸缩配置

伸缩配置是弹性伸缩自动创建实例时所使用的实例模板。一个伸缩组支持创建多个伸缩配置，但同一时间只允许一个伸缩配置处于生效状态。

3. 启用伸缩组

用户在首次创建伸缩配置后，会自动提示启用伸缩组。用户也可以在伸缩组列表中自行启用伸缩组，操作步骤是：

（1）登录弹性伸缩控制台。

（2）在左侧导航栏中，单击"伸缩组管理"。

（3）在顶部菜单栏处，选择"地域"。

（4）找到待操作的伸缩组，在操作区域，依次单击"more"→"启用"。

4. 创建伸缩规则

伸缩规则用于指定扩缩容 ECS 实例的数量等信息或者智能地设置伸缩组边界值。

5. 创建自动伸缩任务

创建伸缩规则后，用户可以通过自动伸缩任务自动执行伸缩规则，实现自动扩缩容。

自动伸缩任务支持以下两种类型。

1）创建定时任务

如果企业用户可以预测业务量波动的时间，则使用定时任务在指定时间自动扩缩容即可。

2）创建报警任务

如果企业用户需要基于阿里云实例的运行指标自动扩缩容，则可以使用报警任务。报警任务基于云监控的监控项动态管理伸缩组内实例。

2.4.5 通过阿里云搭建弹性伸缩的 Web 应用

弹性伸缩在不同业务场景下的案例分析

本章节通过阿里云弹性伸缩的实际例子，向读者演示如何在公有云上搭建自动伸缩容器的 Web 应用。

1. 步骤一：前提条件

具体可参见 2.3.7 节。

2. 步骤二：明确业务场景和解决方案

某全国性电子商务企业在面对"双 11"大促即将到来之际，为保证顺利承载活动带来的流量，企业管理人员分析历史访问及购买数据，提前预估大促活动可能所需的计算资源，但计划再详细，如果高峰期流量超出预估，仍需要临时手动创建云服务器实例，不仅临时购买及操作时间不允许，而且可能因操作不当影响业务应用。

阿里云弹性伸缩可以实现计算资源随业务峰谷自动伸缩，该电子商务企业无须提前预估和手动运维，即可确保应用可用性。

3. 步骤三：使用自定义镜像创建包年包月云服务器实例

登录阿里云公有云控制台，创建指定数量的包年包月 ECS 实例，用于添加到伸缩组，满足业务模块的日常业务要求。具体实施步骤介绍如下。

（1）登录 ECS 管理控制台。

（2）在左侧导航栏，单击"实例与镜像"→"镜像"。

（3）在顶部菜单栏左上角处，选择"地域"。

（4）找到 Web 应用实例的自定义镜像，在操作区域，单击"创建实例"按钮。

（5）配置实例信息并完成实例创建。

4. 步骤四：创建并启用伸缩组

为需要弹性扩缩容的业务模块创建伸缩组，并为伸缩配置选择 Web 应用实例的自定义镜像。

（1）登录弹性伸缩控制台，在顶部菜单栏处，选择"地域"。

（2）创建一个伸缩组。

（3）单击"查看伸缩组详情"按钮。

（4）在页面上方，单击"配置来源"。

（5）创建一个伸缩配置。

> 将镜像设置为 Web 应用实例的自定义镜像。
> 请根据需要配置其他信息，详细信息请参见创建伸缩配置。

（6）启用伸缩配置和伸缩组。

5. 步骤五：添加包年包月的实例并设置自动伸缩策略

将包年包月实例添加至伸缩组，并创建目标追踪规则，实现根据业务峰谷自动伸缩，应对突增流量，具体步骤介绍如下。

（1）前往实例列表界面，将创建好的包年包月 ECS 实例添加至伸缩组。

（2）将包年包月实例转为保护状态，保证日常业务正常运行。

（3）前往基本信息界面，根据业务需求，修改伸缩组的最小实例数和最大实例数。

（4）前往伸缩规则界面，创建一条目标追踪规则。

> 将伸缩规则类型设置为目标追踪规则。
> 将指标类型设置为（ECS）平均 CPU 使用率。
> 将目标值设置为 50%。

2.5 专有宿主机

任务描述

利用各种虚拟化技术可以将底层物理资源，如 CPU、内存等计算资源；容量空间等存储资源及网络资源实现池化，再辅以资源调度技术，资源调度策略会针对虚拟机的使用场景决定虚拟机开在哪台物理机器上，但针对部分高端企业用户及特殊使用场景，这种虚拟化使用方式并不完全符合企业自身业务发展需求，例如金融、游戏等应用场景。

小周通过公司内部产品文档及相关资料了解到有一种专有宿主机的产品形式提供给这类型用户，专有宿主机提供用户独享的物理服务器资源，可以满足资源独享、资源物理隔离、安全、合规需求。为此，小周当前要学习并掌握的任务如下：

1. 熟悉专有宿主机的概念与基本功能。
2. 通过阿里云例子了解专有宿主机的主要规格。
3. 了解专有宿主机与弹性裸金属服务器之间的区别。

2.5.1 专有宿主机的概念和基本功能

专有宿主机的概念

在云计算使用场景中，一台传统的物理服务器经过虚拟化后，交付给企业或个人使用者手上的实际是一种虚拟计算资源，通常都是来自物理服务器上经过超分售卖的 IT 基础设施，因为虚拟化的特性，这就带来同一台物理服务器上多个虚拟化资源，例如云服务器之间存在资源争抢的现象。在一些特定应用场景下，例如金融、证券等，这类型业务需要保证物理服务器的独占特征，此时，这类型应用的所属企业需要将整台物理服务器上的所有虚拟资源都买走，之后再对虚拟资源进行按需划分，这就是专有宿主机。

在公有云中，专有宿主机，又称为专属主机或专属服务器，可提供用户独享的物理服务器资源，满足用户资源独享、资源物理隔离、安全、合规需求，是云服务器产品的补充。以阿里云专有宿主机的介绍为例，专有宿主机指由一个租户独享物理资源的云主机，作为该云主机的唯一租户，用户不需要与其他租户共享云主机所有物理资源，参考图 2-27，代表的是专有宿主机与普通共享型宿主机的区别。

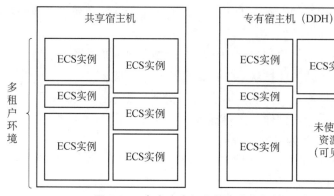

图 2-27　专有宿主机和共享宿主机的区别

专有宿主机之上，一般已部署了各个公有云服务提供商虚拟化平台，由企业用户独享这类物理资源。专有宿主机具备以下功能特性。

1. 自动部署

专有宿主机的自动部署功能可帮助企业用户自动选择适用的云服务器实例，当专有宿主机设置为允许自动部署后，会被放置在企业用户公有云账号下的自动部署资源池中。

企业用户创建云服务器实例时可以不指定某一具体的专有宿主机，由云系统自动从资源池中选择专有宿主机部署云服务器实例。

2. 关联宿主机

关联宿主机功能，顾名思义，指的是企业用户可以将之前运行过的实例操作停机后，当再次启动时是否放置在原专有宿主机上。开启关联宿主机后，即使企业用户的云服务器实例出现计划内停机，再次启动该实例时，仍可确保该实例运行在和停机前同一台物理服务器上。

3. 停机后不占用宿主机资源

默认启用节省停机模式的实例，停机后会释放专有宿主机上的物理 CPU 和内存资源，从而极大地减少能耗，节约使用成本。

4. 支持升降配功能

在专有宿主机上创建的云服务器实例支持升降配功能，企业用户可以通过升级或降级实例规格、调整实例公网带宽，满足不断变化的业务需求。

2.5.2　专有宿主机的规格有哪些

和云服务器实例类似的是，专有宿主机同样有规格的需要。专有宿主机的规格一般是指宿主机对应的物理服务器的规格配置，包括物理 CPU 型号和核数、虚拟 CPU（vCPU）核数、CPU 数量（Socket 数）、内存和本地存储等。

专有宿主机的规格重要性不言而喻，它直接决定了企业用户能在专有宿主机上创建的实例规格族和实例数量。专用宿主机是搭载了虚拟化环境的物理服务器，每种机型对应了不同的物理服务器的配置，包括物理 CPU 型号、CPU 核数、内存大小、本地磁盘类型、磁盘大小等硬件资源配置信息。

企业用户要做的就是根据自身业务特性和规模，选择适当的专用宿主机机型规格。在专有宿主机上创建与其规格匹配的 ECS 实例，会延续共享宿主机 ECS 实例规格族的场景定义、实例规格族详情，以及每种实例规格的网络性能。以阿里云为例展示专有宿主机上的规格，如表 2-11 所示。

表 2-11　阿里云专用宿主机支持规格示例

专有宿主机规格	CPU 数量	物理 CPU 型号	物理 CPU 数	vCPU 核数	内存（GiB）	网络带宽能力（出方向，Gbit/s）
安全增强内存型 r7t	2	Intel ® Xeon ® Platinum 8369B（Ice Lake）	64	128	1024	64
安全增强通用型 g7t	2	Intel ® Xeon ® Platinum 8369B（Ice Lake）	64	128	512	64
安全增强计算型 c7t	2	Intel ® Xeon ® Platinum 8369B（Ice Lake）	64	128	256	64
安全增强通用型 g6t	2	Intel ® Xeon ® Platinum 8269（Cascade Lake）	52	104	384	32
安全增强计算型 c6t	2	Intel ® Xeon ® Platinum 8269（Cascade Lake）	52	104	192	32
计算超分型 c6s	2	Intel ® Xeon ® Platinum 8269CY（Cascade Lake）	52	520	180	25
存储增强型 g5se	2	Intel ® Xeon ® Platinum 8163（Skylake）	48	70	336	25
内存超分型 r6s	2	Intel ® Xeon ® Platinum 8269CY（Cascade Lake）	52	520	750	25

自定义实例规格支持自定义 vCPU 和内存配比。例如，在一台内存超分型 r6s 规格的专有宿主机上，企业可以创建自定义规格的云服务器实例，按需调整需要的 vCPU 核数和内存大小。

2.5.3　弹性裸金属服务器与专有宿主机的区别

专有宿主机也是基于虚拟化技术的云服务器的，一般来说在专有宿主机上都会搭载各家公有云服务提供商的云虚拟化系统，在企业用户购买之后可以直接使用公有云服务提供商的公共镜像去开通虚拟机。

裸金属服务器、普通云服务器与专有宿主机的区别弹性裸金属服务器是一款同时兼具虚拟机弹性和物理机性能及特性的新型计算类产品，但是弹性裸金属服务器属于裸金属架构，上面没有提供虚拟化平台。

在线测试

本任务测试习题包括填空题、选择题和判断题。

2.1 在线测试

技能训练

2.5.4 通过阿里云控制台购买并使用 ECS 实例

在本地计算机上打开浏览器，输入网址 https://www.aliyun.com，注册阿里云账号并完成实名认证。

专有宿主机的应用
场景与案例分析

1. 注册阿里云账号的步骤

具体操作可参见 2.3.7 节。

2. 进入实例创建页面，按照向导完成配置，快速选购 ECS 实例。

（1）选择基础配置，如图 2-28 所示。

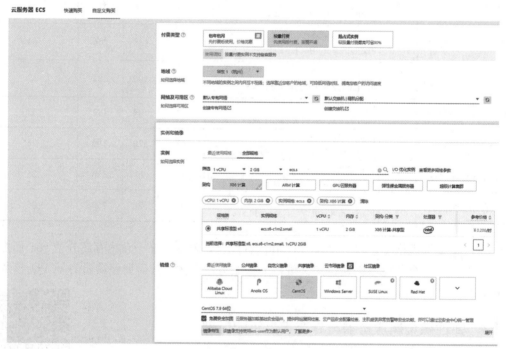

图 2-28 创建 ECS 示例步骤一：基础配置

（2）设置存储配置，如图 2-29 所示。

（3）配置网络，如图 2-30 所示。

（4）进行管理设置，如图 2-31 所示。

（5）确认订单，如图 2-32 所示。

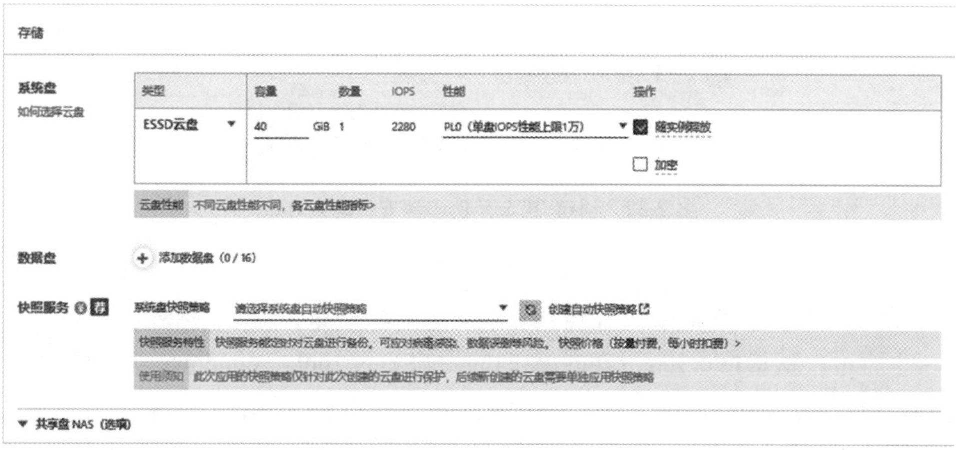

图 2-29　创建 ECS 示例步骤二：存储配置

图 2-30　创建 ECS 示例步骤三：配置网络

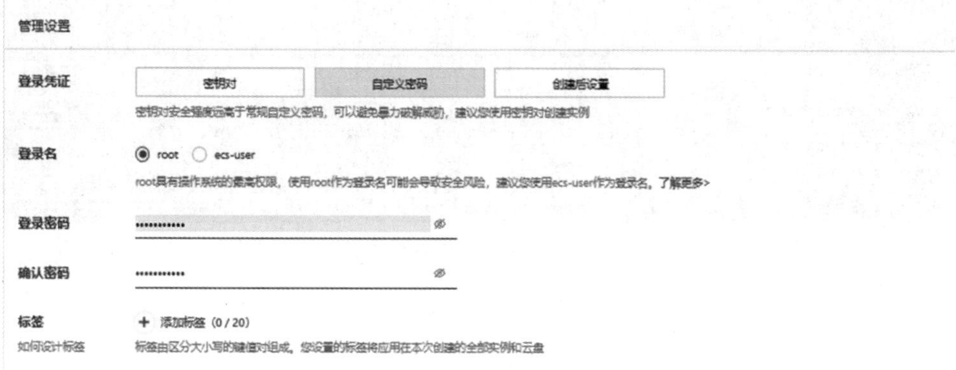

图 2-31　创建 ECS 示例步骤四：管理配置

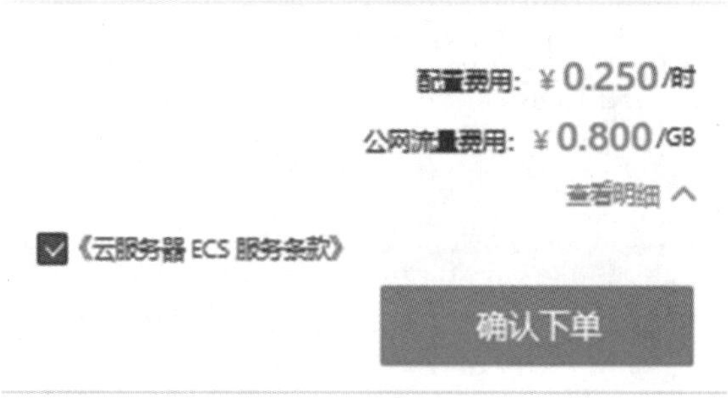

配置费用：¥ 0.250/时

公网流量费用：¥ 0.800/GB

查看明细 ∧

☑ 《云服务器 ECS 服务条款》

确认下单

图 2-32 创建 ECS 示例步骤五：确认订单

3. 连接和使用实例

在完成前面的步骤及完成 ECS 控制台购买实例后，接下来可以远程连接 ECS 实例，如图 2-33 所示。默认情况下，Linux 实例的用户名为 root，Windows 实例的用户名为 Administrator。

图 2-33 连接云服务器实例

单元 3　在云上存储数据

学习目标

　　云存储技术是云计算在云服务场景中的核心应用之一，也是公有云云服务器实例的数据载体，处于不可或缺的地位。

　　在本单元中，3.1 节首先从存储基础知识开始，向读者讲述传统存储的三种主要类型和它们之间的差异，通过本章节的学习，读者应该了解并掌握 DAS、SAN 和 NAS 的功能与表现形式。

　　3.2 节着重讲述了公有云中块存储的概念和核心技术，以及如何通过性能测试工具去验证块存储产品的性能表现，帮助企业用户选择适合自身业务的块存储产品。

　　对象存储、文件存储这两种存储形式同样在公有云产品体系中占据重要的数据应用场景，因此通过 3.3、3.4 节的学习，读者应该掌握这两种存储的概念和功能表现，并学会在阿里云中应用对象存储和文件存储。

3.1　存储基础知识

存储基础知识

任务描述

　　小周在大学学习期间，有一次学习云计算课程，老师问同学们一个问题：应用上云后，数据从哪里来，又存到哪里去？当时小周在听完老师的讲解后一知半解，没有完全明白其中的含义，现在参加实习后，因工作原因再次接触到云存储，才发现造成不得要领的原因是缺少存储相关的基础知识。在存储基础知识中，首先要了解存储有哪些类型，以及每种类型的特点及应用场景。

　　在本任务中，小周通过学习直连式存储、SAN、NAS 等存储基础知识，并在此基础上掌握 DAS、SAN 与 NAS 等存储方式之间的差异和特点。

3.1.1　直连式存储

　　纵观整个计算机发展历史，数据的处理和存储一直是一个热门的话题。在云计算诞生之前，数据存储就已经发展及应用了很久，从存储类型上可以划分为直连式存储（DAS）、存储区域网络（SAN）、网络附加存储（NAS）等。

首先来看直连式存储（DAS），英文全称是 Direct Attached Storage，中文翻译成"直连式存储"或"直接附加存储"。

DAS 存储类型在我们生活中比比皆是，我们所用的办公计算机采用的就是这种类型，硬盘在机箱内通过总线适配器与计算机连接，当然这是内置存储的方式，还有外接存储也算作 DAS 类型，比如通过 SCSI、FC 连接 RAID 或 JBOD。如图 3-1 所示是直连式存储。

图 3-1　直连式存储

这种存储方案的服务器结构如同 PC 架构，外部数据存储设备（如磁盘阵列、光盘机、磁带机等）都直接挂接在服务器内部总线上，数据存储设备是整个服务器结构的一部分，同样服务器也担负着整个网络的数据存储职责。在网络中各服务器的数据存储设备都是独立的。

3.1.2　存储区域网络

存储区域网络（SAN）是通过专用高速网将一个或多个网络存储设备和服务器连接起来的专用存储系统。

SAN，英文全称为 Storage Area Network，中文意为存储区域网络，简单来说，它是一个网络上的磁盘。SAN 通过光纤通道交换机连接存储阵列和服务器主机，最后成为一个专用存储网络。SAN 提供了一种与现有 LAN 连接的简易方法，并且通过同一物理通道支持广泛使用的 SCSI 和 IP 协议。

SAN 存储通常和 Fibre Channel（光纤通道）技术一同使用，表示通过光纤通道建立的存储区域网络，一般称为 FC-SAN 存储。这种 FC-SAN 存储采用网状通道（Fibre Channel，FC，区别于 Fiber Channel 光纤通道）技术，通过 FC 交换机连接存储阵列和服务器主机，建立专用于数据存储的区域网络，如图 3-2 所示。

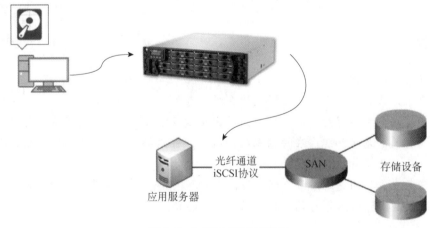

图 3-2　SAN 存储区域网络

3.1.3　网络附加存储

网络附加存储（Network Attached Storage，NAS）是一种专门的数据存储技术的名称，它可以直接连接在计算机网络上面，可以称为一个网络上的文件系统，存储设备通过标准的网络拓扑结构，比如以太网的方式添加到一群计算机中。

一般把 NAS 称为 NAS 存储设备，在 Linux 和 Windows 系统中也是常见的存储类型，它的核心是 NFS、FTP 或 CIFS 文件系统，通过 NFS 等文件系统实现存储共享。这样一来，应用程序和用户可以通过共享 Internet 协议（IP）网络来访问数据。每个 NAS 设备都具有自己的唯一 IP 地址，如图 3-3 所示。

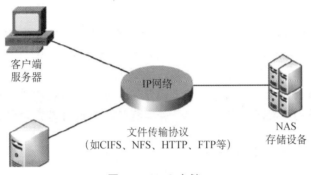

图 3-3　NAS 存储

3.1.4　DAS、SAN、NAS 三种存储方式比较

DAS 存储模式最为简单，使用场景随处可见，它一般应用于个人用户或中小企业，与计算机或物理服务器采用直连方式；而 NAS 存储则通过以太网添加到计算机上，通过 IP 地址去访问存储；SAN 存储，最流行的使用方式是通过 FC 接口，提供性能更强的存储。

从图 3-4 来看，NAS 存储模式与 SAN 存储模式很相似，它们之间的主要区别体现在操作系统在什么位置，以及 SAN 存储通过光纤连接，而 NAS 存储设备是通过 TCP/IP 连接的。简单来说，SAN 可以比喻为一个网络上的磁盘，NAS 则是一个网络上的文件系统。

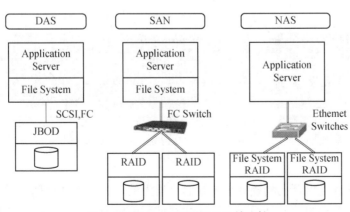

图 3-4　DAS、SAN 和 NAS 的比较

3.2　块存储

任务描述

　　在公有云中最常见的一种数据存储形式是云服务器实例中的云硬盘。实际上在存储范围里，云硬盘属于块存储的产品形式，但什么是块存储？小周对此缺少深入了解，在向导师请教后，了解到块存储以及云硬盘等云存储知识是公有云的基础和核心的内容，因此需要通过本任务学习块存储相关知识，具体任务内容包括：

　　1. 掌握块存储在公有云中的产品形式，特别是云硬盘的类型和功能。

　　2. 学习并掌握云硬盘对于数据安全上的保障技术，包括数据副本、快照技术。

　　3. 了解块存储的主要性能评估指标，并掌握性能测试的工具和方法。

3.2.1　块存储的概念和产品形式

　　第一次接触块存储的读者可能会对这个名词感到云里雾里，实际上块存储不是云计算发明出来的概念，它伴随着计算机存储历史一同发展。首先，块是数据存储的基本形式，将数据拆分并存储在固定长度的块或多个块中，如果你曾经在 Windows 系列操作系统上执行过磁盘碎片整理功能，可能就会有一点直观的数据"块"的印象，如图 3-5 所示。

块存储的概念
和产品形式

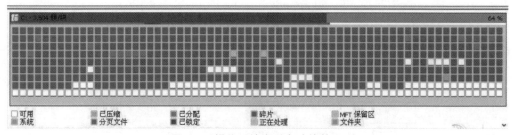

图 3-5　操作系统中磁盘碎片整理

　　数据通常是直接保存在物理硬盘等存储介质上的，这些物理存储介质上并不会关心数据的组织方式以及结构，而是通过将所有数据按照固定的大小分块，并单独存储各个块。具体来说，物理硬盘的盘片就是记录数据的地方，扇区（Sector）是盘片上最小存储单位，一般为 512B 或 1024B，而块（Block）是文件系统（如 FAT、NTFS、ext4）中最小操作单位，它由多个扇区组成。

在物理硬盘中，会对每一个数据块赋予一个用于寻址的编号，即每个数据块都有一个唯一标识符，因此通常又把物理硬盘称为块存储设备。

在公有云的世界中，我们在云服务器、虚拟机里看到的、用到的虚拟磁盘就属于块存储设备范畴，而在存储物理层，这些块存储设备就是常见的机械磁盘、磁盘阵列（包括 Raid、SAN 等类型）等。

块存储在公有云服务提供商那里是以什么形式呈现给企业用户的产品呢？本书仍然以阿里云为例，块存储产品，在阿里云中简称为 EBS，其产品体系是为云服务器实例提供的一种有着低时延、持久性、高可靠等特征的块级存储设备，块存储支持随机读写，通过各种类型的云硬盘可满足大部分业务场景下的数据存储需求。在这里，可以看到在公有云里，最典型的块存储设备就是云硬盘。

3.2.2　了解云硬盘

块存储服务和传统的物理服务器存储一样，是公有云系统中最重要的子系统之一。通过块存储，企业或个人用户就像在个人计算机上使用习惯一样，使用磁盘文件系统（FAT32、NTFS、ext4、XFS 等）和块级别存储来存储文件，此时，在云服务器实例中的操作系统位于需要访问文件的应用程序、底层的文件系统和块存储的中间。

所谓云硬盘，是公有云服务提供商为云服务器提供的数据块级别的块存储产品，云硬盘一般都具有高可靠、高性能、规格丰富等特点。云硬盘类似物理计算机中的硬盘，无法单独使用，用来配合云服务器实例，挂载至云服务器上使用，挂载成功之后可以对已挂载的云硬盘执行初始化、创建文件系统等操作，并且把数据持久化地存储在云硬盘上，如图 3-6 所示。

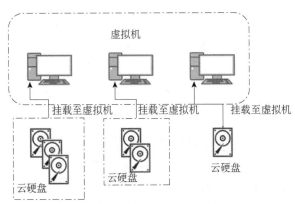

图 3-6　云硬盘挂载至虚拟机

阿里云提供了丰富的块存储产品，包括基于分布式存储架构的云硬盘和基于物理机本地硬盘的本地盘产品，下面介绍云硬盘的性能分类和用途分类。

1. 云硬盘性能分类

阿里云提供的云硬盘类型，根据性能划分，包含以表 3-1 所列出的几类云硬盘产品。

表 3-1　阿里云云盘类型

类型	描述
ESSD 云硬盘	基于新一代分布式块存储架构的超高性能云盘产品，结合 25GE 网络和 RDMA 技术，单盘可提供高达 100 万 IOPS 的随机读写能力和更低的单路时延能力
SSD 云硬盘	具备稳定的高随机读写性能、高可靠性的高性能云盘产品
高效云硬盘	具备高性价比、中等随机读写性能、高可靠性的云盘产品

ESSD 云硬盘结合了 25GE 网络和 RDMA 技术，为用户提供单盘高达 100 万 IOPS 的随机读写能力和单路低时延性能。ESSD 云硬盘一般适用于对时延敏感的应用或者 I/O 密集型业务场景，例如：

（1）大型 OLTP 数据库，如 MySQL、PostgreSQL、Oracle、SQL Server 等关系型数据库。

（2）NoSQL 数据库，如 MongoDB、HBase、Cassandra 等非关系型数据库。

而 SSD 云硬盘属于兼顾性能和价格的通用型 SSD，同时具有高 I/O 和高吞吐，同样具备稳定的高随机读写性能、高可靠性等特点，适用场景包括 I/O 密集型应用、中小型关系数据库和 NoSQL 数据库等。

在高效云硬盘出现之前，公有云服务提供商普遍推出的是一种普通型云硬盘，受制于当时数据中心和硬件基础设施，物理存储介质大多采用 HDD 机械硬盘，每秒仅仅只有数千 IOPS，以及带来较高的时延，相比传统物理存储并无明显优势。之后，SSD 逐渐得到普及，通过 SSD 对低速存储设备 SATA HDD 进行加速，通常做法是在一台普通物理服务器上配置一定比例的 SSD 作为存储层 I/O 缓存使用，I/O 数据首先存储在 SSD 硬盘上，之后通过存储调度算法将 SSD 上的数据转存到 HDD 硬盘上，从而实现加速的效果。

2. 云硬盘用途分类

阿里云提供的云硬盘类型，根据用途分类，包括系统盘和数据盘。所谓系统盘，指的是装有操作系统的云硬盘，这种类型的系统盘只能随实例创建而存在，整个系统盘的生命周期与挂载的云服务器实例相同。数据盘用于云服务器实例上存储应用数据，可以与云服务器实例同时创建，也可以单独创建。

3.2.3　云硬盘的三副本技术

通过块存储为云服务器实例提供云硬盘，用户就可以在这些云硬盘中保存应用数据。公有云中的块存储，一般是分布式块存储，通常会将云硬盘的数据切分为相同大小的对象，再将对象分组存储，对象会基于特殊算法，例如哈希算法去分配给相应的存储组或存储单元，而存储组最终会通过三副本技术保证数据的高可用。

云硬盘的三副本技术

云硬盘相比传统的物理磁盘，一个最重要的区别在于云硬盘具备数据的高可用和高可靠性，通常云硬盘通过网络来访问远端服务器的分布式存储集群，包括数据的读、写等操作，而分布式存储会将写请求的数据以冗余的形式在多台物理服务器上进行存储。存储数据的冗余策略一般有多副本和 EC（英文全称为 Erasure Code，中文译为纠删码）等两种冗余策略。

所谓多副本冗余策略，指的是将一份数据冗余地保存在多台服务器的不同物理磁盘上，通常这种多副本策略有二副本、三副本策略，其中在公有云中，三副本的冗余策略得到广泛地使用，原因是通过三副本策略能够保证副本最大限度地分布在不同的机柜、服务器或磁盘上，但是三副本策略的缺点也显而易见，云硬盘如果采用三副本冗余策略，存储资源利用率低，只能使用存储总空间的 33%。

下面以阿里云云硬盘提供的三副本技术为例，详细介绍这种多副本冗余策略在块存储中的应用。

目前，在公有云的块存储产品中，阿里云利用三副本技术为云服务器实例、云硬盘提供可靠的数据随机访问能力。

用户对云硬盘的读写操作，会被映射为对阿里云数据存储平台上的文件的读写。具体过程是，阿里云提供了一个扁平的线性存储空间，在内部会对线性地址进行切片，一个分片称为一个 Chunk（中文含义为块）。每一个 Chunk，阿里云都会复制成三个副本，并将这些副本按照一定的策略存放在存储集群中的不同数据节点上，保证数据的可靠性，如图 3-7 所示。

对云硬盘上的数据来说，无论是新写、修改还是删除数据，所有用户层应用上的读写操作都会同步到底层的三份副本上，利用这种三副本数据冗余模式，能够最大限度地保障数据的可靠性和一致性。

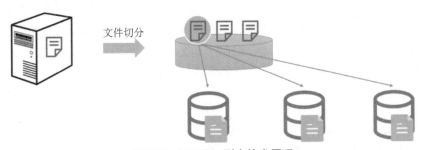

图 3-7　阿里云三副本技术原理

在阿里云数据存储平台中，有三类角色，分别为 Master、Chunk Server 和 Client。您的一个写操作最终由 Client 执行，执行过程简要说明如下：

（1）Client 收到写操作请求，并计算出写操作对应的 Chunk。

（2）Client 向 Master 查询该 Chunk 的三份副本存放的数据节点（即 Chunk Server）。

（3）Client 根据 Master 返回的结果，向这三个 Chunk Server 发出写请求。

（4）如果三份都写成功，Client 返回成功，反之则 Client 返回失败。

为防止由于一个 Chunk Server 或一个机架的故障导致数据不可用，Master 会保证三份副本分布在不同机架下的不同 Chunk Server 上。因此，Master 的分布策略中会综合考虑数据存储平台中所有 Chunk Server 的硬盘使用情况、交换机的分布情况、电源供电情况和节点负载情况等。

当有数据节点损坏，或者某个数据节点上的部分硬盘发生故障时，集群中部分 Chunk 的有效副本数就会小于 3。此时，Master 就会发起自动同步任务，在 Chunk Server 之间同步复制数据，如图 3-8 所示，最终目的是使集群中所有 Chunk 的有效副本数达到 3。

后台自动同步

副本3　　　　副本2　　　　副本1

图 3-8　异常下三副本的数据保护机制

3.2.4　快照技术与应用场景

快照技术与
应用场景

在公有云中，企业用户在各种规格的云服务器实例上运行自身业务，同时通过云硬盘存储结构化、非结构化的数据，云存储可谓是云计算关键基础设施之一。

随着数据的不断增长，如何保护数据的安全性变得越来越重要，为保障云存储的可靠性和可用性，特别是当存储设备发生故障从而遭到损坏时，云系统需要能够恢复到某个可用的时间点的状态。快照技术是满足这个需求的一个被广泛使用的在线数据保护技术。

所谓快照，指的是关于指定数据集合的一个完全可用复制，该复制包括相应数据在某个时间点的镜像，快照技术目前主要用于数据的快速备份与恢复。

目前的快照技术原理，通常是某一时间点云盘数据状态的备份文件，对云硬盘执行创建第一次快照是实际云硬盘使用量的全量快照，即完整数据的快照，后续创建的第 2 次、第 3 次的快照均是增量快照，只会存储变化的数据块。具体来说这种增量快照技术，在云硬盘上的数据变化前后分别为该云硬盘创建的快照，只有已变数据块对应的快照数据会发生变化，其他未变数据块对应的快照数据保持不变。通过增量快照技术可以大幅度减少快照数据的相似冗余，使公有云快照费用降到最低。

在图 3-9 中，快照 V1、V2 和 V3 分别是为云硬盘创建的第 1 份、第 2 份和第 3 份快照。其中快照 V1 是云硬盘的第 1 份快照，快照 V1 的数据包含 4 个数据块，分别是 M1、N1、Q1、P1。从为云硬盘创建第 2 份快照开始，均为增量快照，还是参考图 3-9，快照 V2 是云硬盘的第 2 份快照，在原有 4 个数据块的基础上增加了一个数据块 S2，其他数据块全部指向 V1 中的 4 个数据块，并不会新增数据相同的重复数据块。接着，图中的快照 V3 是创建的第 3 份快照，由于第 3 次快照相较第 2 次快照来说，只有 N3 这一个数据块中的数据发生了变化，因此，第 3 次快照 V3 中包含的 M1、Q1 和 P1 数据块依旧指向快照 V1 中的 M1、Q1 和 P1，而 S2 指向第 2 次快照 V2 中的数据块 S2。

快照V1

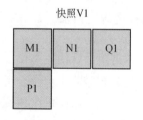

快照V2

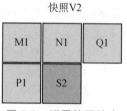

快照V3

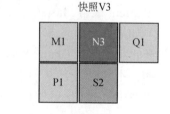

图 3-9　增量快照技术

目前公有云或私有云市场上所采用的快照技术，其实现机制一般分成两种：一种是写时复制（Copy On Write，COW），另一种是写时重定向（Redirect-On-Write，ROW）。其中，COW 快照原理是在第一次改写源卷数据时，先将源卷的原始数据读出来，复制到快照卷的某一个空间，然后在源卷同样的位置写入新的数据。COW 维护了源卷地址的连续性，源卷的读性能较好，但是因为在写入数据时，需要一次读取两次写入，所以写性能较差。而 ROW 是指源卷已有快照时，将新写入的数据只写到快照卷空间中，并修改源卷的地址映射表，ROW 对原始数据卷的首次写操作，会将新数据重定向到预留的快照卷中。ROW 的优势在于解决了 COW 快照写两次的问题，所以就写性能而言，ROW 无疑是优于 COW 技术的。

快照是一种高效、快捷的数据保护手段，常用于数据备份、制作镜像、应用容灾等，具体包括如下场景。

1. 云硬盘备份

通过快照定期地对云硬盘进行备份，以防丢失磁盘中的重要数据。

2. 容灾备份

为云盘创建快照，再使用快照创建云盘获取基础数据，实现同城容灾和异地容灾。

3. 环境复制

使用系统盘快照创建自定义镜像，再使用自定义镜像创建云服务器实例，实现环境复制。

4. 提高容错率

出现操作失误时，能及时回滚数据，降低操作风险，实现版本回退。定期创建快照，可以避免因操作失误或外部攻击等原因导致数据丢失。

块存储的性能指标及如何评估存储的性能

块存储的应用场景与案例分析

3.2.5 块存储的性能指标及如何评估性能

1. 块存储的性能指标

衡量块存储产品，如云硬盘的性能指标主要包括以下几点，如表 3-2 所示。

表 3-2 云硬盘的性能指标

性能指标	描述
IOPS	IOPS 指每秒能处理的 I/O 个数，表示块存储处理读写（输出/输入）的能力，单位为次。例如数据库类应用等典型场景，需要关注 IOPS 性能
吞吐量	指单位时间内可以成功传输的数据数量，单位为 MB/s。如果需要部署大量顺序读写的应用，例如 Hadoop 离线计算型业务等典型场景，需要关注吞吐量
访问时延	访问时延是指块存储处理一个 I/O 需要的时间，单位为 s、ms 或者 μs。过高的时延会导致应用性能下降或报错

IOPS 代表的是云硬盘每秒进行读写的操作次数。常用的 IOPS 指标包括顺序操作和随机操作，其具体类型如表 3-3 所示。

表 3-3 IOPS 的具体类型

指标	描述	数据访问方式
总 IOPS	每秒执行的 I/O 操作总次数	对硬盘存储位置的不连续访问和连续访问
随机读 IOPS	每秒执行的随机读 I/O 操作的平均次数	对硬盘存储位置的不连续访问
随机写 IOPS	每秒执行的随机写 I/O 操作的平均次数	

吞吐量是指云硬盘每秒成功传送的数据量，即读取和写入的数据量。如果企业用户在云服务器实例中部署了大量顺序读写的应用，如 Hadoop 离线计算型业务、视频点播程序等场景，需要重点关注云硬盘的吞吐量指标，具体指标包括顺序写、顺序读，如图 3-10 所示。

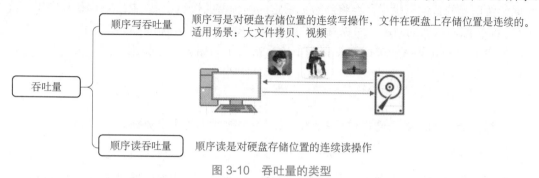

图 3-10　吞吐量的类型

访问时延，又称 I/O 读写时延，指的是云硬盘连续进行读写操作所需要的最小时间间隔，也就是 I/O 读写操作发送时到接收确认所经过的时间，单位为微秒。

小贴士

I/O（Input/Output，即读写）是应用发起的一次或多次数据请求，请求可以是随机的或顺序的。I/O 请求的数据量又称 I/O 大小，单位为 KiB，例如 4KiB、256KiB、1024KiB 等。

2. 如何衡量云硬盘的性能

公有云服务提供商目前发布的块存储设备一般都会根据类型的不同拥有不同的性能和价格。目前对于企业和个人用户，也越来越重视云硬盘的性能和可靠性，但评价云硬盘的性能好坏需要正确的测试方法。

步骤一：创建云硬盘并挂载到云服务器实例中。

以阿里云为例，企业用户想在阿里云公有云控制台上使用云硬盘产品，首要条件是注册阿里云账号并完成实名认证。

完成账户注册后，开通云服务器实例，安装 Linux 相关的操作系统，如 CentOS 7.6，之后创建云硬盘并挂载到云服务器中。

步骤二：选择并安装性能测试工具。

不同工具测试的硬盘基准性能会有明显的不同，如 fio、dd、iometer 等工具会受到各自测试参数配置和文件系统的影响。本书中，均以 Linux 系统下采用 fio 工具为例介绍如何测试云硬盘的性能，如果是在 Windows 操作系统下，建议使用 iometer 测试工具。

fio 是一种业界权威的测试磁盘性能工具，用来对硬盘进行压力测试和验证，使用 fio 时，建议配合使用 libaio 的 I/O 引擎进行性能测试。

警告	1. 以下存储性能测试是直接测试裸数据盘（如/dev/vdb），不建议在已创建文件系统的磁盘上测试，因为 fio 性能测试会破坏文件系统。 2. 禁止在系统盘上进行 fio 测试，避免损坏系统中的重要文件。 3. 请尽量不要在保存业务数据的磁盘上进行测试。如果必需，则要先进行数据备份。

接下来执行以下命令，安装测试工具 fio 和 libaio：

```
yum install libaio libaio-devel fio -y
```

步骤三：运行性能测试命令。

本示例中，使用的设备名为/dev/your_device，请根据实际情况替换。例如需要测试的云盘为/dev/vdb，则将以下示例命令中的/dev/your_device 替换为/dev/vdb。

➢ 随机写 IOPS 性能测试命令。

```
[root@localhost ~]# fio -direct=1 -iodepth=128 -rw=randwrite -ioengine=libaio
-bs=4k-size=10G-numjobs=1-runtime=300-group_reporting -filename=/dev/your_ device
-name=Rand_Write_Testing
```

➢ 随机读 IOPS 性能测试命令。

```
[root@localhost ~]# fio -direct=1 -iodepth=128 -rw=randread -ioengine=libaio -
bs=4k-size=10G-numjobs=1-runtime=300 -group_reporting -filename=/dev/your_ device
-name=Rand_Write_Testing
```

➢ 顺序写 IOPS 性能测试命令。

```
[root@localhost ~]# fio -direct=1 -iodepth=64 -rw=write -ioengine=libaio -
bs=1024k -size=10G -numjobs=1 -runtime=300 -group_reporting -filename=/dev/your_
device -name=Write_PPS_Testing
```

➢ 顺序读 IOPS 性能测试命令。

```
[root@localhost ~]# fio -direct=1 -iodepth=64 -rw=read -ioengine=libaio -
bs=1024k -size=10G -numjobs=1 -runtime=300 -group_reporting -filename=/dev/your_
device -name=Write_PPS_Testing
```

➢ 随机写时延性能测试命令。

```
[root@localhost ~]# fio -direct=1 -iodepth=1 -rw=randwrite -ioengine=libaio -
bs=4k -size=10G -numjobs=1 -group_reporting -filename=/dev/your_device -name=
Rand_Write_Latency_Testing
```

需要注意的是，不同场景的测试命令基本一致，只存在 rw、iodepth 和 bs（block size）三个参数的区别。例如，每个工作负载适合的最佳 iodepth 数，取决于应用程序对于 IOPS 和延迟的敏感程度。

表 3-4 以测试云盘随机写 IOPS（randwrite）的命令为例，说明各种参数的含义。

表 3-4   测试云盘随机写 IOPS 命令参数

参数	说明
-direct=1	表示测试时忽略 I/O 缓存，数据直写
-iodepth=128	表示使用异步 I/O（AIO）时，同时发出 I/O 数的上限为 128
-rw=randwrite	表示测试时的读写策略为随机写（Random Writes）。其他测试可以设置为： randread（随机读 Random Reads） read（顺序读 Sequential Reads） write（顺序写 Sequential Writes） randrw（混合随机读写 Mixed Random Reads And Writes）
-ioengine=libaio	表示测试方式为 libaio（Linux AIO，异步 I/O）
-bs=4k	表示单次 I/O 的块文件大小为 4 KiB。默认值也是 4 KiB。 （1）测试 IOPS 时，建议将 bs 设置为一个较小的值，如 4k。 （2）测试吞吐量时，建议将 bs 设置为一个较大的值，如 1024k
-size=10G	表示测试文件大小为 10GiB
-numjobs=1	表示测试线程数为 1
-runtime=300	表示测试时间为 300 秒。如果未配置，则持续将前述-size 指定大小的文件，以每次 -bs 值为分块大小写完
filename=/dev/your_device	指定的云盘设备名，例如/dev/your_device
name=Rand_Write_Testing	表示测试任务名称为 Rand_Write_Testing，可以随意设定

3.3   对象存储

任务描述

导师在和小周讨论块存储的特点和应用场景时，提到块存储一般的体现形式是卷或者硬盘（比如 Windows 操作系统里看到的 C 盘），数据直接按字节来访问，不会关心所存储数据的内容、组织方式和结构等，而且块存储虽然应用场景广泛，但是面对海量文件处理与存储使用场景上并不擅长。

如何处理和存储海量小文件？什么样的存储产品符合这种特征呢？小周虚心向导师请教。导师告诉他，现如今各家公有云服务提供商都有对象存储产品，这是一种存储海量文件的分布式存储服务，用户可通过网络随时存储和查看数据。在本任务中，首先了解什么是对象存储，之后要学习对象存储的基本概念、概念及应用场景，在此基础上理解云硬盘与对象存储的差异，最后在阿里云上进行实际操作以加深对对象存储的理解。

3.3.1   什么是对象存储

对象存储是由美国亚马逊 AWS 首先推出的一个存储产品形态，从此 AWS 的 S3 协议也成为对象存储事实标准，各个公有云存储厂商的云存储服务协议都兼容 S3。

AWS 的 S3 是一种对象存储服务，提供一种具有可扩展性、数据可用性、安全性和较高性能的存储服务。对象存储的应用场景非常广泛，各种规模和行业的客户都可以使用它来存储和保护各种的任意数量的数据（如网站、移动应用程序、备份和还原、存档、企业应用程序和大数据分析）。

对象存储一般是以二进制对象的方式提供存储服务的，既不像块存储那样提供块的读取，也不像文件存储那样可以直接通过文件系统去读写文件。对象存储其实介于块存储和文件存储之间，它以 HTTP API 的方式上传或者下载二进制对象。简单来说，我们平常生活中使用的在线网盘服务就是一种对象存储。

目前各家公有云服务提供商纷纷推出对象存储服务，以阿里云为例，阿里云对象存储是一种阿里云提供的海量、安全、低成本、高持久的云存储服务，企业用户可以使用阿里云提供的 API、SDK 接口将海量数据移入或移出阿里云对象存储。

3.3.2　对象存储的基本概念

为了更好地帮助读者理解什么是对象存储，这里将详细讲解对象的基本组件以及它们的作用。

对象存储的
基本概念

1. 存储桶（Bucket）

存储桶，又称存储空间，它是对象的载体，可理解为用于存储对象（Object）的容器，所有的对象都必须隶属于某个存储空间。存储空间具有各种配置属性，包括地域、访问权限、存储类型等。用户可以根据实际需求，创建不同类型的存储空间来存储不同的数据。在公有云中，一般来说，每个用户可以拥有多个存储桶，且存储桶内部的对象数目没有限制。

2. 对象（Object）

对象（Object）是对象存储的基本单元，对象被存放到存储桶中。和传统的文件系统不同，对象没有文件目录层级结构的关系。对象由元信息（Object Meta）、用户数据（Data）和文件名（Key）组成，并且由存储空间内部唯一的 Key 来标识。对象元信息是一组键值对，表示了对象的一些属性，比如最后修改时间、大小等信息，同时用户也可以在元信息中存储一些自定义的信息。

对象的生命周期是从上传成功到被删除为止。在整个生命周期内，除通过追加方式上传的 Object 可以通过继续追加上传写入数据外，通过其他方式上传的 Object 内容无法编辑，使用者可以通过重复上传同名的对象来覆盖之前的对象。

3. Region（地域）

Region 即地域，它表示对象存储服务器的数据中心所在的物理位置。用户可以根据费用、请求来源等选择合适的地域创建存储桶。

Region 是在创建 Bucket 的时候指定的，一旦指定之后就不允许更改。该 Bucket 下所有的 Object 都存储在对应的数据中心，目前不支持 Object 级别的 Region 设置。

4. Endpoint（访问域名）

Endpoint 表示对象存储对外服务的访问域名。对象存储一般以 HTTP RESTful API 的形式对外提供服务,当访问不同的 Region 的时候,需要不同的域名。通过内网和外网访问同一个 Region 所需要的 Endpoint 也是不同的。

5. AccessKey(访问密钥)

AccessKey 简称 AK,指的是访问身份验证中用到的 AccessKeyId 和 AccessKeySecret。对象存储通过使用 AccessKeyId 和 AccessKeySecret 对称加密的方法来验证某个请求的发送者身份。AccessKeyId 用于标识用户;AccessKeySecret 是用户用于加密签名字符串和 OSS 用来验证签名字符串的密钥,必须保密。对于对象存储来说,AccessKey 的来源有以下 3 种。

(1)Bucket 的拥有者申请的 AccessKey。

(2)由 Bucket 的拥有者通过 RAM 授权给第三方请求者的 AccessKey。

(3)由 Bucket 的拥有者通过 STS 授权给第三方请求者的 AccessKey。

6. Secret Access Key(SK)

Secret Access Key 是与访问密钥 ID 结合使用的私有访问密钥,对请求进行加密签名,可标识发送方,并防止请求被修改。简单来说,SK 是用户访问公有云对象存储 API 进行身份验证时需要用到的安全凭证。

3.3.3 对象存储的功能及应用场景

在使用对象存储产品之前,通过上一章节,已经学习了对象存储的基本概念和术语,了解了存储桶、对象、访问域名等基本概念,这样可以更好地理解对象存储提供的功能。通过本章节,可以进一步学习对象存储的主要功能及应用场景。

对象存储的优势及应用场景

本书通过对象存储在公有云上的应用来讲述对象存储的基本概念及应用场景,具体内容如表 3-5 所示。

表 3-5　对象存储的应用场景及功能描述

应用场景	功能描述
上传文件	在上传文件到对象存储前,先在公有云的任意一个地域创建一个存储空间。创建存储空间后,用户可以上传任意文件到该存储空间
搜索文件	对象存储支持文件和文件夹搜索功能,可以在存储空间中快速查找目标文件
下载文件	当文件(Object)上传至存储空间(Bucket)后,可以将文件下载至浏览器默认路径或本地指定路径
分享文件	将文件(Object)上传至存储空间(Bucket)后,可以将文件 URL 分享给第三方,供其下载或预览
删除文件或文件夹	支持一次删除单个或者多个文件、文件夹、碎片等,可以定期删除过期文件,节省存储空间
在指定时间内自动批量删除文件	支持生命周期规则,通过生命周期规则定期地将非热门数据转换为低频访问、归档存储或冷归档存储,并删除过期数据
提升数据上传、下载速率	支持传输加速服务,可优化互联网传输链路和协议栈,大幅减少数据远距离传输超时的比例,极大地提升用户上传和下载体验
恢复误删除的数据	支持版本控制功能,开启版本控制后,针对文件的覆盖和删除操作将会以历史版本的形式保存下来。在错误覆盖或者删除文件后,能够将存储空间中存储的文件恢复至任意时刻的历史版本

（续表）

应用场景	功能描述
容灾	支持跨区域复制功能，通过跨区域复制功能将文件的创建、更新和删除等操作从源存储空间复制到不同区域的目标存储空间，实现数据的异地容灾
控制数据访问权限	支持灵活的授权、鉴权机制
加密数据	支持客户端和服务器端加密，可以选择合适的加密方式将用户的数据加密后再存储到对象存储中
敏感数据保护	敏感数据保护是一款识别、分类、分级和保护 Bucket 中敏感数据的原生服务，可满足数据安全、个人信息保护等相关法规的合规要求
防护 DDoS 攻击	当受保护的 Bucket 遭受大流量攻击时高防会将攻击流量牵引至高防集群进行清洗，并将正常访问流量回源到目标 Bucket，确保业务的正常进行
分类管理数据	支持通过标签功能分类管理对象存储资源。 （1）存储空间标签：存储空间级别的分类管理，例如，列举带有指定标签的存储空间，对带有指定标签的存储空间设置访问权限等。 （2）对象标签：对象级别的分类管理，例如，对带有指定标签的对象设置生命周期规则、访问权限等
记录资源的访问信息	支持日志功能，可以通过日志功能完成对象存储的操作审计、访问统计、异常事件回溯和问题定位等工作
使用自有域名访问对象存储资源	支持绑定自定义域名功能，可以将自定义域名绑定到对象存储空间，并使用自定义域名访问存储空间中的数据
托管静态网站	支持静态网站托管功能，可以将存储空间配置成静态网站托管模式，并通过存储空间域名访问该静态网页
跨域资源共享	支持在 HTML5 协议中跨域资源共享的设置
获取源数据内容	支持回源功能，当用户向对象存储请求的数据不存在时，应返回 404 错误
修改 HTTP 头	支持修改文件 HTTP 头，可以通过设置 HTTP 头来自定义 HTTP 请求的策略。例如，缓存策略、文件强制下载策略等
了解文件的元信息	支持清单功能，可以使用存储空间清单功能导出指定对象的元数据信息，如文件大小、加密状态等
查看资源使用情况	支持监控功能，可以通过监控功能查看对象存储服务使用情况的实时信息，如基本的系统运行状态和性能
控制流量	支持单链接限速功能，可以使用单链接限速功能在上传、下载、复制文件时进行流量控制，以保证其他应用的网络带宽
对数据进行分析和处理	支持图片处理、视频截帧等功能，可以对存储在对象存储上的数据进行分析和处理
多种管理工具	支持图形化工具、命令行工具、文件挂载工具、FTP 工具等方便管理对象存储资源

对象存储产品的应用场景，可以分为以下几种。

1. 图片和音视频等应用的海量存储

可用于图片、音视频、日志等海量文件的存储。各种终端设备、Web 网站程序、移动应用可以直接向 OSS 写入或读取数据。图 3-11 展示了在阿里云上使用对象存储海量数据的场景。

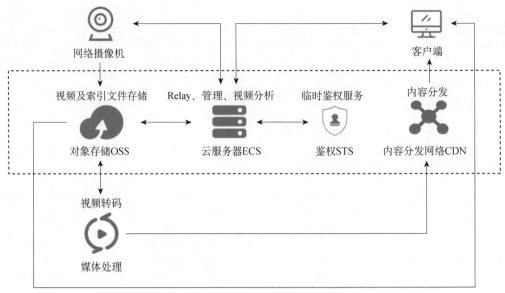

图 3-11　运用对象存储满足视频数据存储场景

2. 网页或者移动应用的静态和动态资源分离

利用大容量的互联网带宽，对象存储可以实现海量数据的互联网并发下载。通常，对象存储可以提供原生的传输加速功能，支持上传加速、下载加速，提升数据上传、下载的体验。图 3-12 展示了阿里云对象存储结合 CDN 产品提供存储及分发功能的场景。

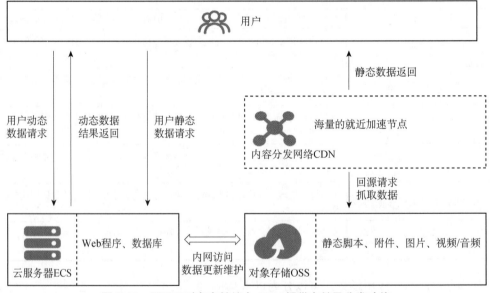

图 3-12　阿里云对象存储结合 CDN 提供存储及分发功能

图 3-12 描述的是，阿里云对象存储结合 CDN 产品，提供静态内容存储、分发到边缘节点的解决方案，利用 CDN 边缘节点缓存的数据，提升同一个文件被同一地区客户大量重复并发下载的体验。

3. 备份归档

对象存储提供高并发、高可靠、低时延、低成本的海量存储系统，满足各种企业应用、数据库和非结构化数据的备份归档需求。

3.3.4　云硬盘与对象存储的区别

对象存储与块存储的区别

经过块存储的学习，可能很多读者会产生疑问，对象存储和块存储本质上都是存储数据，它们之间的区别是什么呢？

对象存储具备无文件系统、无目录结构，且文件数量和空间无上限的特性。使用对象存储时，只需通过 Web API 接口管理和访问存储。对象存储提供了 SDK 和工具等集成，可以不依托云服务器单独使用。对象存储支持大规模数据的访问，但不适合毫秒级响应或随机读写的场景。

云硬盘需要绑定云服务器实例来使用，不能单独使用，通常使用文件系统分区或格式化后，才可以被挂载使用。根据云硬盘不同的类型，针对不同的性能指标提供了区别 IOPS 和吞吐性能的产品，可满足单机使用的不同场景。对象存储与块存储的差异如表 3-6 所示。

表 3-6　对象存储与块存储的差异

	对象存储	块存储
适用场景	非结构化数据，尤其是读多写少的场景	结构化数据、事务型数据库
一致性	最终一致性	强一致性
扩展性	扩展无限制，可达 PB 级或更高	不易扩展
分析性	易于搜索与获取数据	因没有 metadata，不易搜索与获取数据
存储位置	数据可以跨不同的地理位置存储	数据和应用的距离越远，性能越差

3.3.5　通过公有云控制台使用对象存储

阿里云对象存储，简称 OSS，为用户提供基于网络的数据存取服务，通过网络随时存储和调用包括文本、图片、音视频在内的各类数据文件。

本章节通过阿里云的实际例子，向读者演示如何在公有云上使用对象存储数据。

对象存储的发展历程及案例分析

步骤一：前提条件

企业用户想在阿里云公有云控制台上使用对象存储服务，首要条件是注册阿里云账号并完成实名认证。

注册阿里云账号的步骤可参见 2.3.7 节的介绍。

步骤二：开通阿里云对象存储 OSS 服务

（1）登录阿里云官网，单击对象存储 OSS，打开 OSS 产品详情页面。

（2）在 OSS 产品详情页，单击"立即开通"按钮。

（3）开通服务后，在 OSS 产品详情页单击管理控制台直接进入 OSS 管理控制台界面。

（4）使用者也可以单击位于官网首页右上方菜单栏的控制台，进入阿里云管理控制台首页，然后单击左侧的对象存储 OSS 菜单进入 OSS 管理控制台界面。

步骤三：创建存储空间

存储空间（Bucket）是用于存储对象（Object）的容器。在上传任意类型的 Object 前，需要先创建 Bucket。

（1）登录对象存储 OSS 管理控制台。

（2）先单击 Bucket 列表，再单击"创建 Bucket"。

（3）在创建 Bucket 面板，按如表 3-7 所示的说明配置必要参数。其他参数均可保持默认配置，也可以在 Bucket 创建完成后单独配置。

表 3-7　配置的参数及描述

参数	描述
Bucket 名称	Bucket 的名称。Bucket 一旦创建，则无法更改其名称。 命名规则如下： ① Bucket 名称必须全局唯一。 ② 只能包括小写字母、数字和短画线（-）。 ③ 必须以小写字母或者数字开头和结尾。 ④ 长度必须在 3~63 字符之间
地域	Bucket 的数据中心。Bucket 一旦创建，则无法更改其所在地域
同城冗余存储	OSS 同城冗余存储采用多可用区（AZ）机制，将用户的数据以冗余的方式存放在同一地域（Region）的 3 个可用区。当某个可用区不可用时，仍然能够保障数据的正常访问

步骤四：上传文件

阿里云对象存储 OSS 控制台支持上传不超过 5 GB 大小的文件，具体步骤如下：

（1）登录阿里云对象存储 OSS 管理控制台。

（2）首先单击左侧导航栏的 Bucket 列表，然后单击目标 Bucket 名称。

（3）在文件管理页签，单击"上传文件"。

（4）在上传文件面板，按页面提示的说明配置各项参数。

（5）单击"上传文件"按钮。

使用者可以在上传列表页签查看各个文件的上传进度。上传完成后，可以在目标路径下查看上传文件的文件名、文件大小以及存储类型等信息。

步骤五：下载文件

当文件（Object）上传至存储空间（Bucket）后，可以将文件下载至浏览器默认路径或本地指定路径。

（1）登录 OSS 管理控制台，首先单击左侧导航栏的 Bucket 列表，然后单击目标 Bucket 名称。

（2）单击左侧导航栏的"文件管理"，下载单个或多个文件。

➤ 下载单个文件。

方式一：依次单击目标文件右侧的"更多"→"下载"。

方式二：单击目标文件的文件名或其右侧的详情，在弹出的详情面板中单击"下载"按钮。

➤ 下载多个文件。

选中多个文件，依次单击"批量操作"→"下载"。通过 OSS 控制台可一次批量下载最多

100 个文件。

步骤六：分享文件

文件（Object）上传至存储空间（Bucket）后，使用者可以将文件 URL 分享给第三方，供其下载或预览，具体步骤如下：

（1）登录阿里云对象存储 OSS 管理控制台。首先单击左侧导航栏的 Bucket 列表，然后单击目标 Bucket 名称。

（2）首先单击左侧导航栏的"文件管理"，然后单击目标文件的文件名或其右侧的"详情"。

（3）在详情面板，单击"复制文件 URL"。

➢ 通过文件 URL 预览。

将文件 URL 分享给第三方时，如需确保第三方访问文件是预览行为，则需要绑定自定义域名并添加 CNAME 记录。

➢ 通过文件 URL 下载。

将文件 URL 分享给第三方时，如需确保第三方访问文件是下载行为，则需要将文件 HTTP 头中的 Content-Disposition 字段设置为 attachment。

3.4　文件存储

任务描述

随着小周在工作中对存储概念的理解逐步加深，他发现块存储的一个缺点，就是不利于不同操作系统主机间的数据共享，也就是说在服务器各自独立的情况下，块存储（云硬盘）映射给主机后再格式化使用，对于主机来说相当于本地盘，两台主机之间本地盘无法共用，不能共享数据。为了克服上述文件无法共享的问题，所以有了文件存储。

在本任务中，小周决定通过调研和学习去掌握文件存储 NAS 的内容，接着通过阿里云去了解公有云中文件存储的规格类型，并学会在实际使用场景下如何选用文件存储、对象存储和块存储。最后，通过阿里云实践操作来学习使用文件存储 NAS 服务的基本流程。

3.4.1　什么是文件存储 NAS

我们在日常学习或工作都用过计算机，如何在计算机上创建或删除数据呢？一般方法是在计算机的操作系统分区上，创建目录，再在目录下面创建和删除文件，这个过程是通过创建文件目录的方式实现的，也就是利用文件系统的形式来实现的，这是文件存储的最基本流程。

什么是文件存储

文件系统是存储数据最重要的载体，它支持文件以网络传输的方式共享。为了让用户能够以访问本地文件系统的方式来访问远程机器上的文件，各种网络类型的文件系统应运而生，其中 NFS 就是最常用的网络文件系统。

在学习 NFS 文件系统之前，首先要理解 NAS 存储类型。NAS，英文全称为 Network-

Attached Storage，中文翻译为网络附加存储，NAS 是指连接到计算机网络的文件级别计算机数据存储，可以为不同客户端提供数据存取。

NFS，英文全称为 Network File System，中文翻译为网络文件系统，它由 Sun 公司在 1984 年开发，NFS 通常被认为是第一个广泛应用的现代网络文件系统，其当初设计的目标就是能够提供跨平台的文件共享系统。NAS 能够支持多种协议（如 NFS、CIFS、FTP、HTTP 等），其中 NFS 是在 NAS 上应用最为广泛的一种网络文件系统。

现如今，NAS 存储技术及类型已经从传统物理模型，被移植到云端上运行，各家公有云服务提供商在文件存储 NAS 纷纷投入大量人力去研发具有各自特点的文件存储 NAS 服务，国内厂商例如阿里云文件存储 NAS、华为云弹性文件服务 SFS、腾讯云的 CFS 等。

文件存储 NAS 可以理解为是一个可共享访问、弹性扩展、高可靠、高性能的分布式文件系统，兼容了 POSIX 文件接口，可支持数千台计算节点共享访问，可以挂载到云服务器实例 ECS、裸金属服务器等计算业务上提供高性能的共享存储，用户无须修改应用程序，即可无缝迁移业务系统上云。NAS 基于 POSIX 文件接口，可提供共享访问，同时保证数据一致性和锁互斥。NAS 提供了简单的可扩展文件存储以供与云服务器实例配合使用，多个云服务器实例可以同时访问 NAS 文件系统，并且存储容量会随着企业用户添加和删除文件而自动弹性增长和收缩，为在多个实例或服务器上运行产生的工作负载和应用程序提供通用数据源。

3.4.2　文件存储 NAS 的功能和应用场景

在公有云中，文件存储 NAS 可以挂载到任意类型的计算产品上，包括云服务实例、容器服务、弹性裸金属服务器等。以阿里云为例，文件存储 NAS 的功能特性包括如下几点。

文件存储 NAS 的功能和应用场景

1. 文件存储 NAS 容量弹性扩展

阿里云文件存储 NAS 的文件系统容量可以弹性扩展，随着添加或者删除文件系统数据，文件容量自动扩展或缩减。

2. 支持共享访问

多计算实例共享访问文件系统里的同一数据源，通过文件锁保证数据的强一致性。

3. 丰富的协议兼容

提供标准的 NFS 和 SMB 访问协议，支持 NFS v3.0 和 v4.0、SMB 2.1 和 3.0，支持主流的 Linux 和 Windows 操作系统。

4. 安全控制与合规

基于 RAM 的用户认证及 VPC 隔离和安全组访问控制，保障数据安全。

5. 加密

加密传输可以保障用户数据在传输到存储的过程中不被窃取和窥探。当用户由于业务需求从而需要对存储在文件系统的数据进行加密时，文件存储 NAS 提供加密功能，可以对新创建的文件系统进行加密。

6. 灵活的访问方式

阿里云文件存储 NAS 服务还支持专有网络访问文件系统或 IDC 机房通过专线网络、VPN 网络等多种方式访问。

7. 数据备份

数据备份可以通过灵活的备份策略生成多个备份副本数据，在发生数据损坏时进行恢复。

8. 数据传输

利用数据迁移服务可支持在 NAS 间或 NAS 到对象存储间进行数据的同步或异步传输。

文件存储 NAS 是一个可共享访问、弹性扩展、高可靠、高性能的分布式文件系统，可支持上千台弹性计算实例、容器服务等计算节点共享访问，企业用户无须修改应用程序，即可迁移业务系统上云。计算节点和 NAS 各模块的关系如图 3-13 所示。

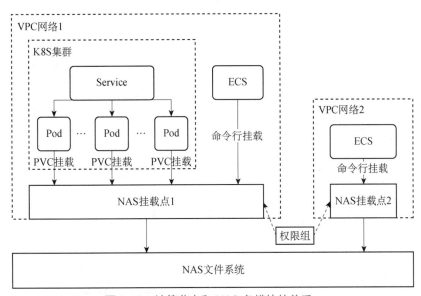

图 3-13　计算节点和 NAS 各模块的关系

文件存储 NAS 的应用广泛，其应用场景大体可以归纳为以下四点。

1）流媒体处理

视频编辑、影音制作、广播处理、声音设计和渲染等媒体工作流通常依赖于共享存储来操作大型文件。通过文件存储 NAS 的强数据一致性模型加上高吞吐量和共享文件访问，可以缩短完成流媒体处理所需的时间，并将多个本地文件存储库合并到面向所有用户的单个位置。

2）企业文件共享

NAS 具有较高的可扩展性、弹性、可用性和持久性，因而可用作企业应用程序和以服务形式交付的应用程序的文件存储。企业 IT 管理员可以使用文件存储 NAS 来创建文件系统并为组织中的客户端设置读、写权限。

3）大数据分析

NAS 提供了大数据应用程序所需的规模和性能，具备计算节点高吞吐量、读写一致性以及低延迟的文件操作能力，特别适合机器学习、服务器日志集中处理等大数据分析场景。

4）内容管理和 Web 服务

NAS 可以用作一种持久性强、吞吐量高的文件系统，用于各种内容管理系统和 Web 服务应用程序，为网站、在线发行和存档等广泛的应用程序提供存储服务和信息。

3.4.3　文件存储的规格类型

对于云文件存储 NSA 产品类型，各个公有云服务提供商的具体规格类型可能稍有差异，但大体不外乎通用型、容量型、高速性能型等三种，提供丰富的类型，可帮助不同用户根据实际应用场景进行选择。

本书仍然以阿里云文件存储 NAS 作为实际应用例子，来讲述文件存储的规格类型，主要包含以下三种。

1. 通用型 NAS

通用型 NAS 用于存储频繁访问的热数据，可分为容量型和性能型。表 3-8 详细对比了容量型和性能型的性能指标、支持的文件协议类型、适用的高级功能及应用场景等。

表 3-8　通用型 NAS 的具体规格

项目	容量型	性能型
带宽（峰值）	初始读带宽 150 MB/s，每 GiB 增加 0.15MB/s，上限为 10GB/s	初始读带宽 600 MB/s，每 GiB 增加 0.6MB/s，上限为 20GB/s
IOPS	上限为 15000	上限为 30 000
读 4KiB 数据块平均时延	10ms	2ms
容量	0～10PiB	0～1PiB
扩容步长	4KiB	4KiB
扩容方式	自动扩容	自动扩容
文件协议类型	NFSv3 NFSv4.0 SMB	NFSv3 NFSv4.0 SMB
高级功能	使用 RAM 权限策略控制 NAS 访问权限 数据加密 性能监控 数据备份 迁移服务 生命周期管理 管理配额	使用 RAM 权限策略控制 NAS 访问权限 数据加密 性能监控 数据备份 迁移服务 生命周期管理 管理配额

2. 低频介质

低频介质可以理解为容量型存储，如果存储在通用型 NAS 文件系统中的数据超过 14 天未访问，可以采用成本更低的低频介质存储以减少成本。

3. 极速型 NAS

极速型 NAS 是基于阿里云最新一代网络架构和全闪存储打造的高性能共享文件存储产品，全托管的云存储服务与阿里云丰富的计算服务完全集成，充分发挥公共云计算生态的能力。

通过表 3-9 介绍极速型 NAS 的性能指标、支持的文件协议类型、适用的高级功能等。

表 3-9　极速型 NAS 规格

项目	标准型	高级型
带宽	随文件系统存储容量增长而增长，带宽上限为 1200MB/s。具体如下： [100GiB，500GiB)：150MB/s [500GiB，2TiB)：300MB/s [2TiB，4TiB)：600MB/s [4TiB，8TiB)：900MB/s [8TiB，256TiB)：1200MB/s	同标准型
IOPS	随文件系统存储容量的增长而增长。 I/O 大小为 4 KiB 时，具体如下： 读： min{7000+30*容量（GiB），200000} 写： min{3500+15*容量（GiB），100000}	随文件系统存储容量增长而增长。IO 大小为 4 KiB 时，具体如下： 读： min{5000+50*容量（GiB），200000} 写： min{2500+25*容量（GiB），100000}
读写 4KiB 数据块平均时延	1.2ms	0.2ms
容量	100GiB~256TiB	100GiB~256TiB
扩容步长	1GiB	1GiB
扩容方式	手动扩容	手动扩容
文件协议类型	NFSv3	NFSv3
高级功能	（1）使用 RAM 权限策略控制 NAS 访问权限 （2）服务器端加密 （3）性能监控 （4）快照	同标准型

3.4.4　如何选用文件存储、对象存储和块存储

存储产品从类型及使用场景上可以划分成块存储、对象存储和文件存储，这三类存储在实际应用中的适配环境有着明显的不同。

当用户面临选择使用文件存储 NAS、对象存储或块存储部署应用服务时，需要考虑诸多因素。本章节介绍文件存储 NAS 与对象存储、块存储的区别，期望帮助用户更好地进行选择。

如何选用文件存储、对象存储和块存储

文件存储 NAS 提供简单、可伸缩弹性的共享文件存储，配合云服务器实例的弹性计算服务可以帮助企业用户构建完整的业务系统。文件存储相对来说更能兼顾多个应用和更多用户访问，同时提供方便的数据共享手段，毕竟大部分的用户从 PC 时代开始，位于计算机上的数据都是以文件的形式存放的。文件存储的优点是造价成本低，并且具有丰富多样的

功能，几乎可以存储任何形式的数据，文件存储适合用来存储一系列复杂文件，并且在网络文件系统的帮助下，用户可以快速导航文件路径。

块存储会将数据拆分成块，并单独存储各个块。每个数据块都有一个唯一标识符，所以存储系统能将较小的数据存放在最方便的位置。在公有云中，块存储主要是将裸磁盘空间整个映射给主机使用，再通过云硬盘的形式和云服务器实例关联使用，在云服务器上的操作系统可识别出云硬盘，但是操作系统无法区分这些映射上来的磁盘到底是真正的物理磁盘还是虚拟化的云硬盘，使用者要做的就是对这些磁盘进行分区、格式化，与我们物理计算机内置的硬盘并无明显差异。

对象存储介于块存储和文件存储之间，是结合前面两种存储方式的优缺点集成出的一种存储模式。在对象存储中，数据会被分解为"对象"单元，并保存在单个存储空间（如存储桶 Bucket）中，而不是作为文件夹中的文件或服务器上的块来保存。

1. 文件存储 NAS 和对象存储有什么不同

文件存储 NAS 和对象存储的主要区别是使用者无须修改应用，即可直接像访问本地文件系统一样访问文件存储 NAS，而对象存储结合了文件存储 NAS 的优点，对象存储采用扁平的文件组织形式，采用 RESTFul API 接口访问，不支持文件随机读写，主要适用于互联网架构的海量数据的上传、下载和分发。

2. 文件存储 NAS 和块存储 EBS 有什么不同

文件存储 NAS 相对于块存储 EBS 的主要区别是文件存储 NAS 可以支持上千个云服务器实例客户端同时共享访问，提供高吞吐量。

一般来说，块存储 EBS 产品如云硬盘是裸磁盘，挂载到云服务器后不能被操作系统应用直接访问，需要格式化成文件系统（XFS、ext4 等）后才能被使用。块存储 EBS 的优势是性能高、时延低，适合于 OLTP 数据库等 I/O 密集型的存储工作负载，但是块存储无法实现容量弹性扩展，单盘最大容量有上限，比如最高支持 32TB 的空间，并且对共享访问的支持有限，因此块存储 EBS 主要还是针对单云服务器的高性能、低时延的存储产品。

3.4.5　文件存储 NAS 的使用流程

本章节通过在 Linux 和 Windows 操作系统下的实际例子来介绍在阿里云下使用文件存储 NAS 服务的基本流程，通过本章节的学习可以帮助读者快速上手文件存储 NAS。

1. 在 Linux 系统下使用文件存储 NAS

通常情况下，当使用者要访问 NAS 文件系统数据时，需要先创建 NAS 文件系统并完成挂载操作。本章节介绍如何在 NAS 控制台中创建 NFS 文件系统，并使用控制台一键挂载功能将 NFS 文件系统挂载至阿里云云服务器实例（CentOS 7.6）上，从而实现数据上传与下载。

步骤一：开通文件存储服务和购买云服务器实例

（1）首次登录文件存储 NAS 产品详情页时，按照页面引导开通文件存储 NAS 服务，如图 3-14 所示。

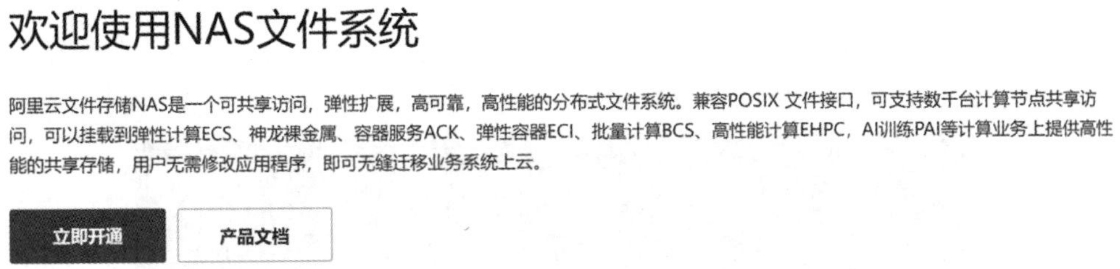

欢迎使用NAS文件系统

阿里云文件存储NAS是一个可共享访问，弹性扩展，高可靠，高性能的分布式文件系统。兼容POSIX 文件接口，可支持数千台计算节点共享访问，可以挂载到弹性计算ECS、神龙裸金属、容器服务ACK、弹性容器ECI、批量计算BCS、高性能计算EHPC，AI训练PAI等计算业务上提供高性能的共享存储，用户无需修改应用程序，即可无缝迁移业务系统上云。

立即开通　　产品文档

图 3-14　立即开通 NAS 服务

（2）购买最近地域的 ECS 实例，云服务器的操作系统选择 CentOS 7.6。

步骤二：创建 NFS 文件系统并添加挂载点

（1）登录 NAS 控制台。

（2）在文件系统选型指南区域，单击创建通用型 NAS 文件系统。

（3）在创建通用型 NAS 文件系统面板，按如表 3-10 所示配置必要参数。

表 3-10　配置 NAS 文件系统主要参数

参数	说明
地域	在下拉列表中，选择"华东 1（杭州）"
可用区	选择"华东 1 可用区 B"，与 ECS 实例同一可用区
协议类型	选择"NFS"
挂载点类型	选择"专有网络"
专有网络 VPC	选择与 ECS 实例相同的 VPC 网络
虚拟交换机	选择 VPC 网络下创建的交换机

（4）单击"立即购买"按钮，根据页面提示，完成购买。

步骤三：通过控制台一键挂载文件系统

（1）返回 NAS 控制台，选择"文件系统"→"文件系统列表"，单击刚创建的文件系统名称。

（2）在文件系统详情页面，单击"挂载使用"。

（3）如果使用者是首次使用文件系统一键挂载功能，请根据对话框中的提示，完成一键挂载服务关联角色授权。

（4）在挂载使用页签，单击目标挂载点操作列中的"挂载"。

（5）在打开的"挂载到 ECS"对话框中，配置如表 3-11 中的挂载选项。

表 3-11　配置挂载选项

配置项	说明
ECS 实例	在下拉列表中选择已创建的 ECS 实例（CentOS 8.2）
挂载路径	即目标 ECS 实例上待挂载的本地路径，例如：/mnt
自动挂载	选中"开机自动挂载"，当您重启 ECS 实例时，无须重复挂载操作
协议类型	选择 NFSv3
NAS 目录	NAS 文件系统目录。例如，NAS 的根目录（/）

（6）完成挂载选项配置后，单击"挂载"按钮。

步骤四：上传和下载数据

挂载成功后，使用者可以在云服务器实例操作系统上把 NAS 文件系统当作一个普通的目录来访问和使用，进行上传或下载数据操作，如图 3-15 所示。

图 3-15　在云服务器的操作系统挂载 NAS 文件系统

2. 在 Windows 系统下使用文件存储 NAS

在 Windows 操作系统下使用文件存储 NAS 与 Linux 操作系统下虽然概念上差不多，但使用的网络文件系统不一样，而且操作步骤存在差异。本章节介绍如何在 NAS 控制台创建 SMB 文件系统，并在阿里云专有网络下通过云服务器实例，安装 Windows Server 2019 操作系统后挂载 SMB 文件系统实现数据的上传与下载。

步骤一：开通文件存储服务和购买云服务器实例

步骤二：创建文件系统并添加挂载点

（1）登录 NAS 控制台，在文件系统选型指南区域，单击创建通用型 NAS 文件系统。

（2）在创建通用型 NAS 文件系统面板，按如表 3-12 中的说明配置必要参数。

表 3-12　配置 NAS 文件系统主要参数

参数	说明
地域	在下拉列表中，选择"华东 1（杭州）"
可用区	选择"华东 1 可用区 B"，与 ECS 实例同一可用区
协议类型	选择"SMB"
挂载点类型	选择"专有网络"
专有网络 VPC	选择与 ECS 实例相同的 VPC 网络
虚拟交换机	选择 VPC 网络下创建的交换机

（3）单击"立即购买"按钮，根据页面提示，完成购买。

（4）返回 NAS 控制台，选择"文件系统"→"文件系统列表"，单击刚创建的文件系统名称。

（5）在文件系统详情页面，单击"挂载使用"。

（6）在挂载界面复制挂载命令备用，如图 3-16 所示。

图 3-16　复制挂载命令

步骤三：挂载文件系统

（1）连接 ECS 实例。

（2）打开命令提示符，配置允许客户端匿名访问。

```
[root@localhost ~]# REG ADD HKEY_LOCAL_MACHINE\SYSTEM\CurrentControlSet\
services\LanmanWorkstation\Parameters /f /v AllowInsecureGuestAuth /t REG_
DWORD /d 1
```

（3）开启 Workstation 服务。

➢ 使用组合键 Win+R，打开运行工具，之后输入 services.msc，单击"确定"按钮。

➢ 在"服务"中找到"Workstation"，修改其运行状态为正在运行，启动类型为"自动"，如图 3-17 所示。

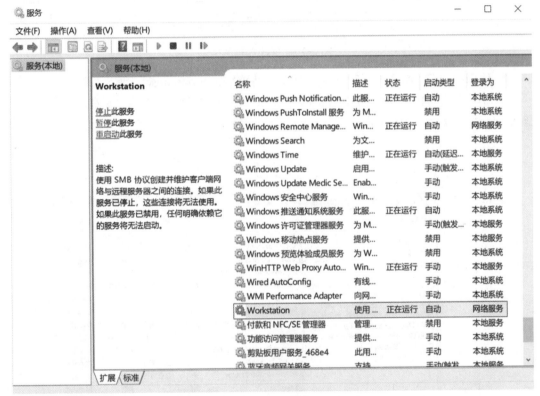

图 3-17　Windows 系统中修改服务

（4）开启 TCP/IP NetBIOS Helper 服务。

➢ 打开控制面板，选择"网络和 Internet"→"网络和共享中心"，之后单击主机所连接的网络。

➢ 在打开的对话框中，单击"属性"按钮，之后双击"Internet 协议版本 4（TCP/IPv4）"。

➢ 在"Internet 协议版本 4（TCP/IPv4）属性"对话框中，单击"高级"按钮。

➢ 在"高级 TCP IP 设置"对话框中，选择"WINS"页签，之后选中"启用 TCP/IP 上的 NetBIOS"，单击"确定"按钮，如图 3-18 所示。

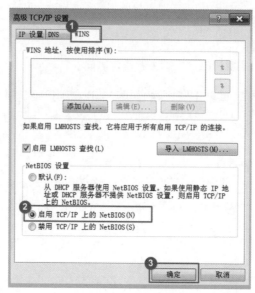

图 3-18　设置 NetBIOS

➢ 使用组合键 Win+R，打开运行工具，之后输入 services.msc，单击"确定"按钮。

➢ 在"服务"中找到"TCP/IP NetBIOS Helper"，修改其运行状态为"正在运行"，启动类型为"自动"，如图 3-19 所示。

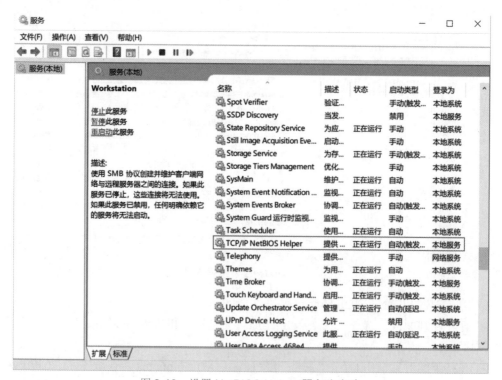

图 3-19　设置 NetBIOS Helper 服务为启动

（5）打开命令提示符，执行步骤一中复制的挂载命令。

（6）待挂载命令执行完成后，执行 net use 命令，检查挂载结果。

如果回显中包含如图 3-20 所示类似信息,说明挂载成功。

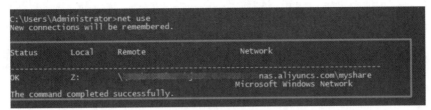

图 3-20 执行 net use 命令

步骤四:上传和下载数据

挂载成功后,使用者可以在云服务器实例上把 NAS 文件系统当作一个普通的目录来访问和使用,示例如图 3-21 所示。

图 3-21 使用 NAS 文件存储

在线测试

本任务测试习题包括填空题、选择题和判断题。

在线测试

技能训练

3.4.6 通过阿里云控制台执行云硬盘的基础操作

1. 创建云硬盘

在使用阿里云块存储服务之前,需要先注册阿里云账号并完成实名认证。完成注册及认证工作后,执行以下步骤:

(1)登录阿里云的 ECS 管理控制台。

云计算时代文件
存储的价值与
案例分析

（2）在左侧导航栏，选择"存储与快照"→"云盘"。

（3）在云盘页面右上角，单击"创建云盘"。

（4）在创建云盘页面中，设置云盘的配置参数，如图 3-22 所示。

图 3-22 设置云硬盘的参数

（5）确认配置信息和费用，单击"确认订单"。

（6）在弹出的对话框中确认购买信息后，单击"创建订单"按钮完成创建。

2. 挂载云硬盘

可以将单独创建的按量付费云盘挂载到阿里云云服务器 ECS 实例上，作为数据盘使用，具体步骤为：

（1）登录 ECS 管理控制台。

（2）在左侧导航栏，选择"实例与镜像"→"实例"。

（3）在顶部菜单栏左上角处，选择"地域"。

（4）找到需要挂载云盘的实例，单击实例 ID，如图 3-23 所示。

图 3-23 选择待挂载云硬盘的实例 ID

（5）单击"云盘"页签，在云盘页面的右上方，单击"挂载云盘"按钮，如图 3-24 所示。

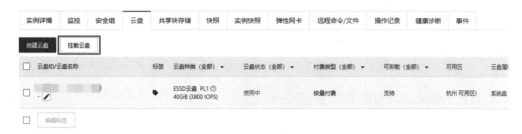

图 3-24　单击“挂载云盘”按钮

（6）在弹出的对话框中，设置云盘挂载相关参数并单击“挂载云盘”按钮，如图 3-25 所示。

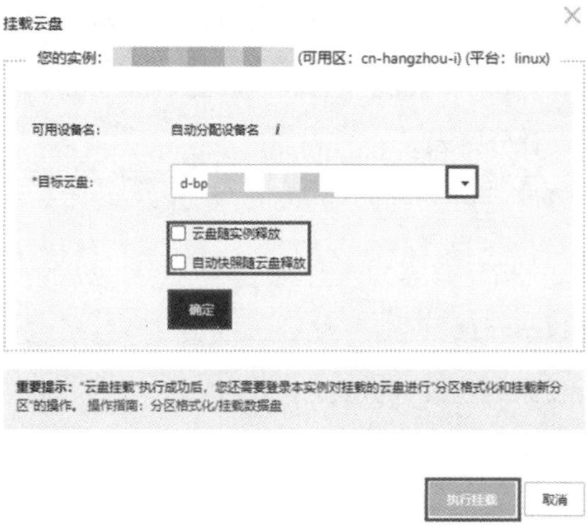

图 3-25　设置参数执行挂载

（7）将云盘挂载到 ECS 实例后，必须创建分区和文件系统，使云盘变为可用。

3. 分区并格式化数据盘

数据盘被挂载到实例后，还不能直接使用，需要创建并挂载至少一个文件系统，具体步骤为：

（1）登录实例并查看数据盘。登录实例并检查数据盘是否已经挂载成功。

① 远程连接 ECS 实例。

② 运行 fdisk-l 命令，如图 3-26 所示，查看实例上的数据盘信息。

```
[root@ecs ~]# fdisk -l
Disk /dev/vda: 40 GiB, 42949672960 bytes, 83886080 sectors
Units: sectors of 1 * 512 = 512 bytes
Sector size (logical/physical): 512 bytes / 512 bytes
I/O size (minimum/optimal): 512 bytes / 512 bytes
Disklabel type: dos
Disk identifier: 0x3565eeef

Device     Boot Start      End  Sectors Size Id Type
/dev/vda1  *     2048 83886046 83883999  40G 83 Linux

Disk /dev/vdb: 40 GiB, 42949672960 bytes, 83886080 sectors
Units: sectors of 1 * 512 = 512 bytes
Sector size (logical/physical): 512 bytes / 512 bytes
I/O size (minimum/optimal): 512 bytes / 512 bytes
```

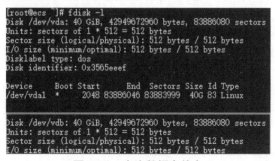

图 3-26　查询数据盘信息

（2）为数据盘创建 GPT 分区。

① 安装 Parted 工具和 e2fsprogs 工具，运行以下命令安装。

```
[root@localhost ~]# yum install -y parted e2fsprogs
```

② 使用 Parted 工具为数据盘进行分区。

➤ 运行以下命令开始分区。

```
[root@localhost ~]# parted /dev/vdb
```

➤ 运行以下命令，设置 GPT 分区格式。

```
[root@localhost ~]# mklabel gpt
```

➤ 运行以下命令，划分一个主分区，并设置分区的开始位置和结束位置。

```
[root@localhost ~]# mkpart primary 1 100%
```

➤ 运行以下命令，查看分区表。

```
[root@localhost ~]# print
```

➤ 退出 Parted 工具。

```
[root@localhost ~]# quit
```

③ 运行以下命令，使系统重读分区表。

```
[root@localhost ~]# partprobe
```

④ 检查新分区是否创建完成。运行结果如图 3-27 所示，如果出现 GPT 的相关信息，表示新分区已创建完成。

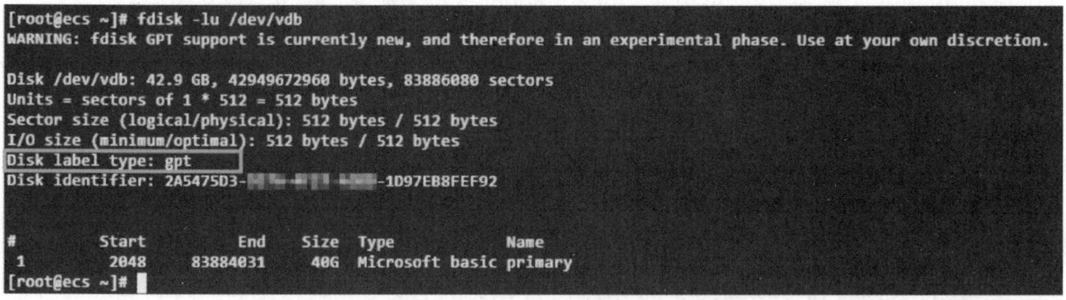

图 3-27　检查分区信息

（3）为分区创建文件系统。

在新分区上创建一个文件系统，以下介绍如何创建 ext 文件系统，读者可以根据实际需求，创建所需要的文件系统。

运行以下命令，创建一个 ext4 文件系统。

```
[root@localhost ~]# mkfs -t ext4 /dev/vdb1
```

创建文件系统成功，如图 3-28 所示。

图 3-28　创建 ext4 文件系统

（4）配置/etc/fstab 文件并挂载分区。

在/etc/fstab 中写入新分区信息，启动开机自动挂载分区，具体步骤如下：

① 在/etc/fstab 里写入新分区信息。

```
[root@localhost ~]# echo 'blkid /dev/vdb1 | awk '{print $2}'|sed 's/\"//g"
/mnt ext4 defaults 0 0 >> /etc/fstab
```

其中，

/dev/vdb1：已创建好文件系统的数据盘分区，需要根据实际情况修改对应的分区名称。

/mnt：挂载（mount）的目录节点，需要根据实际情况修改。

ext4：分区的文件系统类型，需要根据创建的文件系统类型修改。

② 运行以下命令，挂载/etc/fstab 配置的文件系统。

```
[root@localhost ~]# mount -a
```

4. 使用快照回滚云硬盘

当云服务器实例发生系统故障或错误操作时，使用者可以使用快照回滚云盘，实现应用版本回退。

回滚云盘时，可以从快照页面和实例页面进入操作界面。以下示例为从云服务器的实例页面进入的操作步骤，具体如下：

（1）登录 ECS 管理控制台。在左侧导航栏，选择"实例与镜像"→"实例"。

（2）在顶部菜单栏左上角处，选择"地域"。

（3）找到需要回滚云盘的实例，在操作列中，单击"管理"按钮，如图 3-29 所示。

图 3-29　回滚云硬盘

（4）在实例详情页，单击"快照"页签。

（5）选择需要的快照，在操作列中，单击"回滚磁盘"。在弹出的对话框中，单击"确定"按钮。

5. 从实例中卸载数据盘

如果用户不再使用数据盘，或者需要将数据盘挂载到同可用区的其他云服务器实例时，则需要先卸载数据盘。

（1）在操作系统上卸载数据盘。

如果在操作系统内，数据盘已经创建分区并挂载，则请根据以下操作卸载数据盘，以 Linux 相关系统为例。

① 远程连接云服务器实例。

② 运行以下命令卸载（umount）数据盘文件系统。

以卸载数据盘分区（/dev/vdb1）文件系统为例，具体命令如下。

```
[root@localhost ~]# umount /dev/vdb1
```

（2）在云服务器 ECS 控制台卸载云硬盘。

在完成云服务器内部卸载云硬盘之后，还需要在实例页面卸载云盘，也可以在云盘页面卸载云盘。下面介绍在实例页面卸载云盘的步骤。

① 登录 ECS 管理控制台。在左侧导航栏，选择"实例与镜像"→"实例"。

② 在顶部菜单栏左上角处，选择"地域"。

③ 找到目标实例，单击实例 ID。

④ 在实例详情页，单击"云盘"页签。

⑤ 找到目标云盘，在操作栏中，选择"更多"→"卸载"，在弹出的对话框中，单击"确认卸载"按钮。

6. 释放云硬盘

如果用户不再需要某块云盘，可以将其手动释放，存储在云盘上的数据会被全部释放，云盘停止计费。下面介绍如何通过手动方式释放不再需要的云硬盘，具体步骤如下。

（1）登录 ECS 管理控制台。在左侧导航栏，选择"存储与快照"→"云盘"，如图 3-30 所示。

图 3-30　选择待释放的云硬盘

（2）在顶部菜单栏左上角处，选择"地域"。

（3）找到需要释放的云盘，在操作列中，单击"更多"→"释放"，如图 3-31 所示。

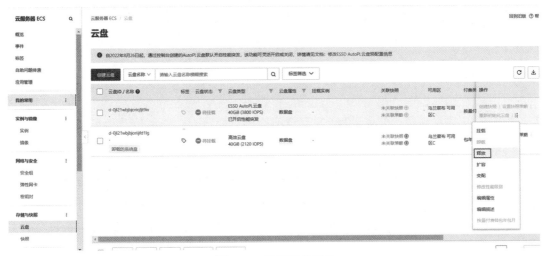

图 3-31　进行释放操作

（4）在弹出的对话框中，确认信息后，单击"确认释放"按钮，如图 3-32 所示。

图 3-32　确认释放云硬盘

单元 4　了解虚拟网络

网络技术在整个计算机及互联网发展中扮演着重要的角色，随着云计算技术及概念在越来越多的企业场景中得到应用，云网络也至关重要。

4.1 节重点介绍了阿里云中的云上网络、混合云网络以及跨地域网络，需要掌握阿里云网络的使用场景。

4.2 节重点介绍了阿里云公网访问、跨地互联、混合云网络的使用场景及可行性实现。

4.1　网络介绍

任务描述

1. 了解阿里云主要的针对不同场景下的网络解决方案
2. 掌握阿里云网络解决方案的应用场景

云计算的私有
网络

4.1.1　阿里云网络

阿里云在全球 24 个地域部署了 110 多个接入点和 1500 多个边缘节点，可向企业提供优质的全球网络服务。

经过多年的自主研发，阿里云构建了云上网络、跨地域网络、混合云网络一套完整的可满足不同使用场景的网络解决方案。阿里云的网络产品和服务可单独使用也可搭配使用。

　1. 云上网络

阿里云的云上网络基于安全隔离的专有网络架构，为用户提供优质、功能齐全的云上网络服务，例如，网络地址转换、流量分发、公网访问等。同时，提供共享带宽和共享流量包服务，服务器可以共享流量和带宽，优化网络成本，如图 4-1 所示。

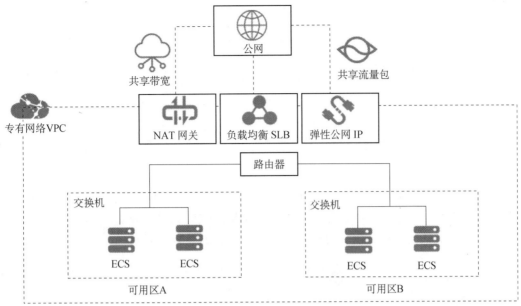

表 4-1　阿里云的云上网络

表 4-1 所示的是云上网络的应用场景及对应的产品。

私有网络的产品
优势及应用场景

表 4-1　云上网络的应用场景及对应的产品

产品	应用场景
定义云上网络	专有网络 专有网络 VPC（Virtual Private Cloud）是用户在云上创建的专用虚拟网络。可以在自己的专有网络内部署、使用云资源，例如 ECS 实例、RDS 数据库和容器 Kubernetes 服务等。 专有网络类似于用户在本地数据中心的传统网络，但附带了很多阿里云基础设施的其他优势，例如，可扩展、安全隔离、访问控制等
管理公网流量	负载均衡 负载均衡 SLB（Server Load Balancer）是将访问流量根据转发策略分发到后端多台云服务器（ECS 实例）的流量分发控制服务。SLB 支持 TCP、UDP、HTTP、HTTPS 协议的应用流量转发。 负载均衡可以通过流量分发扩展应用系统对外的服务能力，通过消除单点故障提升应用系统的可用性
	弹性公网 IP 弹性公网 IP（Elastic IP Address，EIP），是可以独立购买和持有的公网 IP 地址资源。 EIP 可绑定到专有网络类型的 ECS 实例、辅助弹性网卡 ENI、专有网络类型的私网 SLB 实例和 NAT 网关上。此外，用户可以将 EIP 加入购买的共享带宽中，节省公网带宽使用成本
	NAT 网关 NAT 网关（NAT Gateway）是一款企业级的 VPC 网关，提供 NAT 代理（SNAT、DNAT）、10 Gbps 级别的转发能力，以及跨可用区的容灾能力。NAT 网关与共享带宽包配合使用，可以组合成为高性能、配置灵活的企业级网关
	IPv6 网关 IPv6 网关（IPv6 Gateway）是 VPC 的一个 IPv6 互联网流量网关。可以通过配置 IPv6 公网带宽和仅主动出规则（注：仅主动出规则将使 VPC 中实例具备经 IPv6 地址主动访问互联网的能力，但不允许互联网与 VPC 中实例 IPv6 地址主动建立连接），灵活定义 IPv6 互联网出流量和入流量
公网加速	全球加速 全球加速 GA（Global Accelerator）是一款覆盖全球的网络加速服务，依托阿里云优质 BGP 带宽和全球传输网络，实现全球网络就近接入和跨地域部署，减少延迟、抖动、丢包等网络问题对服务质量的影响，为全球用户提供高可用和高性能的网络加速服务

（续表）

产品	应用场景
节约公网成本	共享带宽 共享带宽提供地域级别的带宽共享和复用能力。购买一个共享带宽可让一个地域下所有 EIP 复用共享带宽中的带宽，并提供包括按带宽计费和按增强型 95 计费等多种计费模式，通过共享带宽可有效节省公网带宽使用成本
	共享流量包 共享流量包产品是一款流量套餐产品，使用方便，价格实惠。在购买共享流量包产品后会立刻生效，并自动抵扣按流量计费的 EIP、SLB 和 NAT 网关产品产生的流量费用，直到流量包用完为止

2. 混合云网络

阿里云的混合云网络可以帮助企业打通云上云下系统和数据，消除信息孤岛，为不同规模、不同地域、各行业的企业机构提供云下网络（IDC、总部、分支、门店）到阿里云上安全、可靠、灵活的网络连接。阿里云的混合云网络如图 4-2 所示。

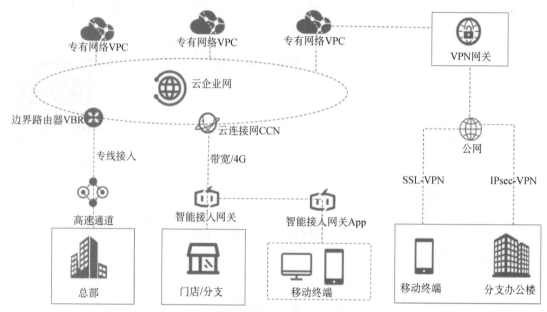

图 4-2　阿里云的混合云网络

表 4-2 所示的是混合云网络的应用场景及对应的产品。

表 4-2　混合云网络的应用场景及对应的产品

产品	应用场景
数据中心 IDC 上云	高速通道 阿里云高速通道（Express Connect）可在本地数据中心 IDC（Internet Data Center）和云上专有网络 VPC（Virtual Private Cloud）间建立高速、稳定、安全的私网通信。高速通道的物理专线数据传输过程可信可控，避免网络质量不稳定问题，同时可避免数据在传输过程中被窃取
分支或门店上云	智能接入网关 智能接入网关（Smart Access Gateway）是阿里云提供的一站式快速上云解决方案。企业可通过智能接入网关实现互联网就近加密接入，获得更加智能、更加可靠、更加安全的上云体验。智能接入网关提供不同型号的网关设备供用户选择，不同的网关设备可满足不同的上云场景。SAG-100WM 设备适用于小型分支和门店通过直挂组网的方式接入阿里云，SAG-1000 设备适用于总部接入阿里云，满足大型网络组网需求

（续表）

产品	应用场景
分支或门店上云	VPN 网关 VPN 网关是一款基于互联网，通过加密通道将企业数据中心、企业办公网络或互联网终端和阿里云专有网络（VPC）安全可靠连接起来的服务。用户也可以使用 VPN 网关在 VPC 之间建立加密内网连接
移动端上云	智能接入网关 App 智能接入网关（Smart Access Gateway）是阿里云提供的一站式快速上云解决方案，智能接入网关 App 支持终端（PC、手机）直接拨号内网加密安全上云，适用于移动办公、远程运维的场景

3. 跨地域网络

阿里云跨地域网络提供全球跨地域专有网络间互联，帮助用户快速构建合法合规的混合云和分布式业务系统网络。

云企业网是用户在云上的一张全球网络，用户创建云企业网 CEN 后，只需要把想要通信的 VPC 加入 CEN 即可实现网络互通，同时云企业网还支持把通过智能接入网关或高速通道接入的云下 IDC、门店、分支等和云上 VPC 构成全互联网络。阿里云跨地域网络如图 4-3 所示。

图 4-3　阿里云跨地域网络

4.1.2　云上网络设计

在阿里云使用云产品部署服务时，首先要规划好网络，例如，云上网络的网段、交换机部署、路由策略等。

私有网络的
产品架构

1. 什么是专有网络

阿里云专有网络（Virtual Private Cloud，VPC）是用户在云上创建的专用虚拟网络。专有网络类似用户在自己的数据中心运营的传统网络，但附带了阿里云基础设施的其他优势，例如可扩展性、隔离性和安全性等。

用户可以在自己的专有网络内部署、使用云资源，例如，云服务器、数据库和容器 Kubernetes 服务等。用户也可以完全掌控自己的专有网络，例如，选择 IP 地址范围、配置路由器和网关等。专有网络由以下部分组成。

● 私有网段。

在创建专有网络和交换机时，需要以 CIDR 地址块的形式指定专有网络使用的私网网段，可以使用表 4-3 中标准的私网网段及其子网作为专有网络的私网网段。

表 4-3 标准的私网网段及其子网

网段	可用私网 IP 数量 （不包括系统保留地址）
192.168.0.0/16	65，532
172.16.0.0/12	1，048，572
10.0.0.0/8	16，777，212

● 路由器。

路由器（Router）是专有网络的枢纽。作为专有网络中重要的功能组件，它可以连接专有网络内的各个交换机，同时它也是连接专有网络和其他网络的网关设备。每个专有网络创建成功后，系统会自动创建一个路由器。每个路由器关联一张路由表。

● 交换机。

交换机（Switch）是组成专有网络的基础网络设备，用来连接不同的云资源，如图 4-4 所示。创建专有网络后，用户可以通过创建交换机为专有网络划分一个或多个子网。同一专有网络内的不同交换机之间可以互通。用户还可以将应用部署在不同可用区的交换机内，提高应用的可用性。

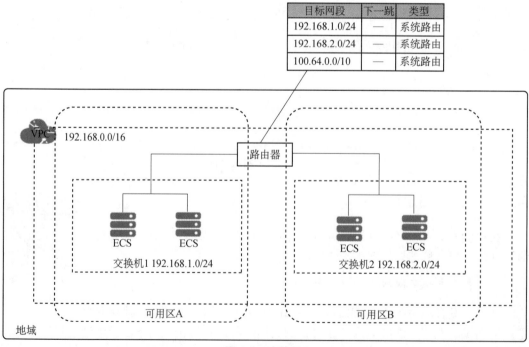

图 4-4 交换机

2. 地域和可用区规划

专有网络和要使用的资源，例如云服务器必须部署在同一个地域内，用户可以选择将资源部署在同一个地域内的不同可用区。同一个专有网络内的资源可以互通，不同专有网络内的资源则无法互通，但可以连接不同专有网络的资源。

在同一地域内可用区与可用区之间内网可以互通，可用区之间能做到故障隔离。是否将实例放在同一可用区内，主要取决于对容灾能力和网络延时的要求：

（1）如果用户的应用需要较高的容灾能力，则建议将实例部署在同一地域的不同可用区内。

（2）如果用户的应用要求实例之间的网络延时较低，则建议将实例创建在同一可用区内。

3. 数量规划

用户可以为每个地域创建多个专有网络，而每个专有网络内又可创建多个交换机。以下原则可以帮助用户确定需要多少个专有网络和交换机。

1）需要几个专有网络

专有网络之间互相隔离，用户可以通过云企业网打通专有网络间的通信。创建一个还是多个专有网络和用户的业务规划相关。

如果没有多地域部署系统的要求且各系统之间也不需要通过专有网络进行隔离，那么推荐使用一个专有网络。目前，单个专有网络内运行的云产品实例可达 15000 个，这样的容量基本上可以满足需求。

如果有多地域部署系统的需求，或在一个地域的多个业务系统需要通过专有网络进行隔离，例如生产环境和测试环境，那么就需要使用多个专有网络。用户可以通过使用云企业网实现专有网络互通。

2）需要几个交换机

云资源必须部署在一个指定的交换机内。同一个专有网络内的不同交换机的资源可以互相通信。建议每个专有网络至少创建两个交换机。

首先，即使只使用一个专有网络，也应尽量在专有网络内创建至少两个交换机，并且将两个交换机分布在不同可用区，实现跨可用区容灾。

同一地域不同可用区之间的网络通信延迟很小，但也需要经过业务系统的适配和验证。由于系统调用复杂加上系统处理时间、跨可用区调用等原因可能产生期望之外的网络延迟，因此建议进行系统优化和适配，在高可用和低延迟之间找到平衡。

其次，使用多少个交换机还和系统规模、系统规划有关。如果前端系统可以被公网访问并且有主动访问公网的需求，考虑到容灾则可以将不同的前端系统部署在不同的交换机下，将后端系统部署在另外的交换机下。

4. 网段规划

在创建专有网络和交换机时，需要指定专有网络和交换机的网段。网段的大小不仅决定了可部署多少云资源也关系到不同网络之间能否互通。

1）专有网络的网段

可以使用 192.168.0.0/16、172.16.0.0/12、10.0.0.0/8 这三个私网网段及其子网作为专有网络的网络地址。在规划专有网络网段时，请注意：如果云上只有一个专有网络并且不需要和本地数据中心的网络互通，则可以选择上述私网网段中的任何一个网段或其子网。

如果有多个专有网络，或者有专有网络和本地数据中心构建混合云的需求，则推荐使用上面这些标准网段的子网作为专有网络的网段，掩码建议不超过 16 位。

专有网络网段的选择还需要考虑是否使用了经典网络。如果使用了经典网络，并且计划将经典网络的 ECS 实例和专有网络连通，那么推荐选择非 10.0.0.0/8 作为专有网络的网段，因为经典网络的网段也是 10.0.0.0/8。

在有多个专有网络的情况下，建议遵循以下网段规划原则：

（1）尽可能做到不同专有网络的网段不同，不同专有网络可以使用标准网段的子网来增加可用的网段数。

（2）如果不能做到不同专有网络的网段不同，则尽量保证不同专有网络的交换机网段不同。

（3）如果也不能做到交换机网段不同，则要保证通信的交换机网段不同。

2）交换机的网段

交换机的网段必须是其所属专有网络网段的子集。例如，专有网络的网段是 192.168.0.0/16，那么该专有网络下的交换机的网段可以是 192.168.0.0/17～192.168.0.0/29。规划交换机网段时，请注意如下几点：

（1）交换机的网段的大小在 16 位网络掩码与 29 位网络掩码之间，可提供 8~65536 个地址。16 位掩码能支持部署 65532 个 ECS 实例，而小于 29 位掩码又太小，没有意义。

（2）每个交换机的第一个和最后三个 IP 地址为系统保留地址。以 192.168.1.0/24 为例，192.168.1.0、192.168.1.253、192.168.1.254 和 192.168.1.255 这些地址是系统保留地址。

（3）ClassicLink 允许经典网络的 ECS 实例和 192.168.0.0/16、10.0.0.0/8、172.16.0.0/12 这三个网段内的 ECS 实例通信。如果专有网络的网段是 10.0.0.0/8，则要确保和经典网络 ECS 实例通信的交换机的网段在 10.111.0.0/16 内。

5. 设计原则

在创建专有网络时，建议遵循以下通用设计原则：

（1）确保地址空间不重叠。

（2）交换机的网段不应涵盖专有网络的整个地址。

（3）至少创建两个交换机，并部署在不同可用区内，以确保高可用。

4.2 网络连接

任务描述

弹性公网 IP

掌握阿里云公共访问、跨地域互联、混合云网络的应用场景。

4.2.1　公网访问

可以通过弹性公网 IP、NAT 网关、负载均衡使专有网络中的云资源访问公网（Internet）或被公网访问。

表 4-4 列举了阿里云提供的专有网络环境下的公网访问服务。这些服务适用于不同的业务场景，例如某游戏的用户遍布全球，当需要为海外用户访问加速时便可选择使用全球加速产品。

表 4-4　阿里云提供的专有网络环境下的公网访问服务

选项	场景	优势
弹性公网 IP（EIP）	弹性公网 IP 是独立的公网 IP 资源，可以绑定到阿里云专有网络类型的 ECS、NAT 网关、私网负载均衡 SLB、弹性网卡等资源。 它适用于以下场景： ● 云资源实例例如 ECS 实例需要访问公网 ● 需要高可用的 IP 迁移方案 ● 需要多个公网 IP 灵活对外提供服务或主动访问公网	● 灵活，可随时绑定和解绑 ● BGP 多线带宽 ● 配合使用共享带宽和共享流量包可帮用户节省公网建设成本
NAT 网关	NAT 网关（NAT Gateway）是一款企业级的公网网关，支持 SNAT 和 DNAT 功能，具备 Tbps 级别的集群转发能力和地域级别的高可用性。 它适用于以下场景： ● 为无公网的 ECS 提供上网能力 ● 让无公网的 ECS 面向 Internet 提供服务	● 免自建、免维护、高可靠、可弹性扩展 提供 SNAT 和 DNAT 功能，无须基于云服务器搭建公网网关，功能灵活、简单易用、稳定可靠 ● 安全 避免 ECS 的管理端口暴露于公网，更加安全，更加省心 ● 高转发性能 NAT 网关是基于阿里云自研的分布式网关，是阿里云使用 SDN 技术推出的一款虚拟网络硬件。NAT 网关支持 10Gbps 级别的转发能力，为大规模公网应用提供支撑
负载均衡	负载均衡（Server Load Balancer）是将访问流量根据转发策略分发到后端多台云服务器（ECS 实例）的流量分发控制服务。负载均衡扩展了应用的服务能力，增强了应用的可用性。 它适用于以下场景： ● IPv4/IPv6 云上公网入口。具有海量流量分发处理能力 ● 云上云下多活架构。通过挂载云下 IDC 服务器，实现云上云下多活架构	在 DNAT 方面，负载均衡是基于端口的，即负载均衡的一个端口可以对应多台 ECS。 负载均衡通过对多台 ECS 进行流量分发，可以扩展应用系统对外的服务能力，并通过消除单点故障提升应用系统的可用性。 绑定 EIP 后，支持使用共享带宽和共享流量包，可帮助用户降低公网成本
IPv6 网关	IPv6 网关是专有网络 VPC 的一个 IPv6 互联网关，用户可通过 IPv6 网关管理专有网络的 IPv6 地址、为 IPv6 地址分配 IPv6 公网带宽、配置 IPv6 公网规则。 它适用于以下场景： ● 搭建 IPv6 和 IPv4 双栈环境，支持 IPv6 和 IPv4 客户端访问 ● 业务只需要主动访问 IPv6 终端，但不希望 ECS 实例的 IPv6 地址被外部 IPv6 终端连接	● 高可用 IPv6 网关提供跨可用区级的高可用能力，帮助用户打造极致稳定的 IPv6 公网网关服务 ● 高性能 单个 IPv6 网关实例可提供万兆级吞吐量，满足超大业务的 IPv6 公网需求 ● 灵活管理公网通信 可以通过调整公网带宽和设置仅主动出规则，灵活设置 IPv6 地址的公网通信能力

4.2.2 跨地域互联

当需要将多个专有网络互联汇聚成一个更大的虚拟网络时，可以通过阿里云提供的云企业网实现全球网络互通，并通过全球加速服务优化跨地域网络访问，减少网络延时和丢包等问题，如表 4-5 所示。

经典网络与私有
网络的区别

表 4-5　阿里云提供的云企业网

选项	场景	优势
云企业网	云企业网 CEN（Cloud Enterprise Network）可以在专有网络 VPC（Virtual Private Cloud）间、VPC 与本地数据中心间搭建高质量、高安全的私网通信通道。云企业网通过路由自动分发及学习，使网络快速收敛，实现全网资源互通，帮助用户打造一张具有企业级规模和通信能力的全球互联网络。 它适用于以下场景： ● 同地域 VPC 互通 ● 本地数据中心上云 ● 在中资出海或外企进中国的场景下，帮助企业快速构建全球互联网络	● 配置简单 无须额外配置，云企业网通过阿里云控制器实现路由的自动分发与学习，使全网路由快速收敛 ● 低时延高速率 云企业网提供低延迟、高速的网络传输能力。本地互通最快速率可达到设备端口转发速率。在全球互通的时延中，整体时延较公网互通时延有很大提升 ● 就近接入与最短链路互通 云企业网在全球多个地域部署了接入及转发节点，方便用户的网络就近接入阿里云，避免绕行公网带来的时延及业务受损。云企业网内部通过最短链路计算方式，快速实现本地数据中心与阿里云内资源的互通 ● 高可用 云企业网具有高可用及网络冗余性，全网任意两点之间至少存在 4 组独立冗余的链路。即使部分链路中断，云企业网也可以保证用户的业务正常运行，不会发生网络抖动及中断
全球加速	全球加速 GA（Global Accelerator）是一款覆盖全球的网络加速服务，依托阿里云优质 BGP 带宽和全球传输网络，实现全球网络就近接入和跨地域部署，减少延迟、抖动、丢包等网络问题对服务质量的影响，为用户提供高可用和高性能的网络加速服务。 它适用于以下场景： ● 游戏服务加速 ● 企业应用加速	● 高质量 全球加速拥有遍布全球的网络加速节点，依托阿里云优质的 BGP 带宽和全球传输网络，大幅提升全球公网服务访问体验，减少延迟、丢包等网络传输问题 ● 高可用 全球加速支持跨地域流量管理和多终端节点流量管理，屏蔽单地域和单线路故障，提高网络的稳定性 ● 安全 全球加速与云原生的安全能力联动，保护互联网服务免受攻击，加固对终端节点的安全访问 ● 易部署 全球加速配置简单，能够实现分钟级部署，且全局资源统一监控运维，业务部署更敏捷

4.2.3 混合云网络

随着云计算的普及，企业逐渐将数据中心的业务应用迁移上云。过去以 IDC 为中心的星形网络结构，正在演进到以云为中心的混合云网络结构，云下和云上之间的网络连接成为关键。用户可以使用阿里云提供的网络产品快速构建混合云网络，如表 4-6 所示。

表 4-6 阿里云提供的混合云网络

选项	场景	优势
智能接入网关	智能接入网关是阿里云 SD-WAN 网络的终端，协助企业快速构建混合云网络。 它适用于以下场景： ● 线下门店/企业多分支互通 ● 线下总部和门店上云	● 私网连接，可靠安全 内网访问方式，提供更高的安全性，并提供数据加密能力 ● 弹性部署，灵活交付 基于 Internet 接入方式下实现分支需要即开即用，自动化组网，降低部署成本和资源投入 ● 全场景覆盖，一站式服务 覆盖客户分支/DC/移动办公等不同接入场景，大带宽专线链路接入情况下也可在控制台一站式购买
高速通道	阿里云高速通道（Express Connect）可在本地数据中心和云上专有网络间建立高速、稳定、安全的私网通信。 它适用于以下场景： ● 面向大中型企业的多地容灾高可用网络架构 ● 面向大型企业的高弹性、高可用网络架构	● 高速互通 依靠阿里云的网络虚拟化技术，可以将不同网络环境连通，两侧直接进行高速内网通信，不再需要绕行公网 ● 支持 BGP 路由
VPN网关	VPN 网关是一款基于 Internet 的网络连接服务，通过加密通道的方式实现企业数据中心、企业办公网络或 Internet 终端与阿里云专有网络（VPC）安全可靠地连接。 它适用于以下场景： ● 本地 IDC 上云 ● 移动客户端上云	● 安全 使用 IKE 和 IPsec 协议对传输数据进行加密，保证数据安全可靠 ● 高可用 采用双机热备架构，发生故障时可秒级切换，保证会话不中断，业务无感知 ● 成本低 基于 Internet 建立加密通道，比建立专线的成本更低 ● 配置简单 开通即用，配置实时生效，快速完成部署

4.3 互动课堂场景网络解决方案

任务描述

对于互动课堂场景，如 1 对 1、双师、小班课、互动大班课，实时音视频质量是影响课程效果的关键因素。互动课堂网络解决方案，依托阿里巴巴优质带宽和全球传输网络，通过 SD-WAN 技术，构建跨地域高质量实时通信网络，有效改善网络丢包、减少网络抖动、降低整体网络时延、提升互动直播质量。

4.3.1 方案介绍

目前国内在线教育行业主流已经演化到移动互联网时代，部分业务已经步入大数据时代。在线教育的教师大部分和学员不在相同区域，甚至分布在不同的国家。例如，英语类在线教育场景，教师在北美地区，学员分布在国内的各个地区。如何保障跨地区甚至跨国家的在线教育网络质量，是一个非常核心的技术问题。

本方案以北京、深圳两个固定校区为例，介绍如何通过一系列阿里云产品实现北京、深圳固定校区与跨境复制转发服务器、跨地域互动后台系统以及跨地域 AI 系统互通，构建一个跨地域高质量传输网络，提升互动直播质量，如图 4-5 所示。

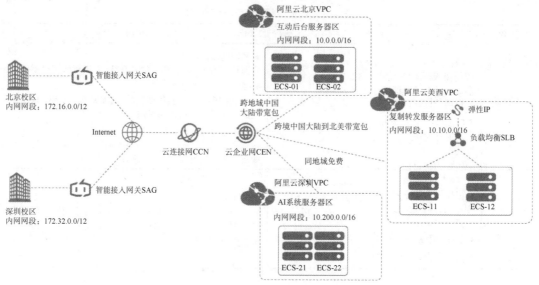

图 4-5 阿里云互动课堂场景网络解决方案

4.3.2 业务规划

本场景各个区域之间不设置访问控制规则，各区域路由之间互通，仅在各阿里云专有网络（VPC）区域内的服务器上设置安全组配置访问规则实现业务流量互通。本场景各区域业务规划如下。

阿里云深圳 VPC：国内自建 AI 后台业务系统，进行流量监控、分析和评估。

阿里云北京 VPC：国内自建互动后台服务器区业务系统，用于转码、录制、美颜等。

阿里云美西 VPC：跨境自建业务系统，接入教师端业务流量，部署云服务器实现流量复制转发。

深圳固定校区：通过智能接入网关设备、硬件设备接入本地流量进入阿里云。

北京固定校区：通过智能接入网关设备、硬件设备接入本地流量进入阿里云。

北京校区网络架构图示例如图 4-6 所示。

图 4-6 北京校区网络架构图示例

4.3.3 网段规划

表 4-7 所示为本场景网段规划示例值，如需要自行规划网段，请确保各个网段地址不冲突。

表 4-7 互动课堂场景网段规划示例值

地域	网段规划	
北京固定校区	业务网段：172.16.0.0/12	
	智能接入网关 WAN（端口 5）：192.168.100.1/30，网关 192.168.100.2 智能接入网关 LAN（端口 4）：192.168.50.1/30	
	三层交换机 G11 端口：192.168.100.2/30 三层交换机 G12 端口：192.168.50.2/30	
	出口路由器 G1 端口：192.168.80.1/30 三层交换机 G2 端口：192.168.80.2/30	
深圳固定校区	业务网段：172.32.0.0/12	
	智能接入网关 WAN（端口 5）：192.168.110.1/30，网关 192.168.110.2 智能接入网关 LAN（端口 4）：192.168.60.1/30	
	三层交换机 G11 端口：192.168.110.2/30 三层交换机 G12 端口：192.168.60.2/30	
	出口路由器 G1 端口：192.168.90.1/30 三层交换机 G2 端口：192.168.90.2/30	
阿里云北京 VPC（互动后台服务器区）	10.0.0.0/16	
阿里云深圳 VPC（AI 系统）	10.200.0.0/16	
阿里云美西 VPC（复制转发服务器）	10.10.0.0/16	

4.3.4 准备工作

在按照本场景执行操作前，需要完成以下准备工作：

（1）注册阿里云账号，并完成实名认证。可以登录阿里云控制台，并前往实名认证页面查看是否已经完成实名认证。

（2）云企业网 CEN 跨境互通需要签订法务承诺书，用户已在线完成，详情请参见跨境云专线服务协议。

（3）在本场景中，需要先在北京、深圳固定校园部署好网络，配置好组播服务器。可以参考本场景北京固定校区网络架构进行网络部署。

4.3.5 具体实现

1. 搭建云环境

专有网络 VPC 是用户自己独有的云上私有网络。用户可以完全掌控自己的专有网络，例如选择 IP 地址范围、配置路由器和网关等，也可以创建专有网络，然后在专有网络中使用阿里云资源，例如云服务器 ECS、弹性公网 IP、云数据库 RDS 和负载均衡 SLB 等。

本操作以阿里云美西 VPC 为例，展示如何创建 VPC。请做同样的操作创建阿里云北京 VPC 和阿里云深圳 VPC，为后面资源互访做准备。

（1）登录专有网络管理控制台。

（2）在顶部状态栏处，选择专有网络的地域，本操作中选择"美国（硅谷）"。

（3）在专有网络页面，单击"创建专有网络"。

（4）在创建专有网络页面，根据表 4-8 所示信息配置专有网络和交换机，然后单击"确定"按钮。

表 4-8　配置专有网络和交换机信息

类型	配置项	说明
专有网络 VPC	名称	设置符合要求的名称
	IPv4 网段	本场景采用阿里云美西 VPC 为 10.10.0.0/16
交换机	名称	设置符合要求的名称
	可用区	选择目标可用区
	IPv4 网段	10.10.0.0/24

（5）在左侧导航栏，单击"交换机"，选择刚刚创建的交换机实例 ID。

（6）在交换机详情页面，在基础云资源区域，单击 ECS 实例后面的"添加"，创建云服务器 ECS 实例，详情请参见创建 ECS 实例。

（7）返回到交换机列表页面，在左侧导航栏单击"弹性公网 IP"，在弹性公网 IP 页面，单击"申请弹性公网 IP"，详情请参见申请新 EIP。

（8）在左侧导航栏，单击"专有网络"，选择刚刚创建的专有网络实例 ID。

（9）在专有网络详情页面，在网络资源区域，单击 SLB 实例后面的数字，创建负载均衡 SLB 并挂载创建好的云服务器 ECS，配置监听访问。请根据业务需求进行配置，详情请参见创建负载均衡实例。

（10）在云服务器 ECS 上添加安全组规则，允许北京、深圳固定校区访问阿里云上 VPC 网络资源，详情请参见添加安全组规则。

图 4-7 是本操作中的安全组配置示例，将授权对象配置为北京固定校区的私网网段。

图 4-7　安全组配置示例

2. 购买智能接入网关

在阿里云控制台购买智能接入网关后，阿里云会将智能接入网关设备寄送给用户，并创建一个智能接入网关实例方便用户管理网络设备。

以下操作为北京固定校区购买智能接入网关示例，请做同样的操作为深圳固定校区购买智能接入网关。

（1）登录智能接入网关管理控制台。

（2）在智能接入网关页面，单击"创建智能接入网关"，配置详情请参见 SAG+Internet 链路。本场景中实例类型选择为 SAG-1000，购买数量设为 1。

（3）配置智能接入网关后，单击"立即购买"，确认配置信息后，单击"确认购买"按钮。

（4）在弹出的收货地址对话框中，填写网关设备的收货地址，然后单击"立即购买"按钮并完成支付。

可以在智能接入网关实例页面查看是否下单成功，如图 4-8 所示。系统会在下单后两天内发货，如果超期，则可以提交工单查看物流状态。

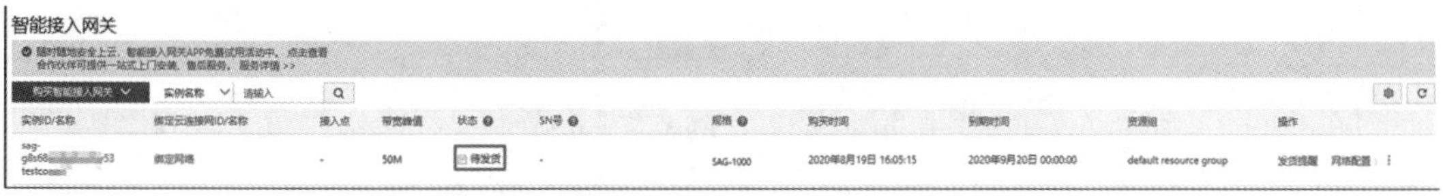

图 4-8　在智能接入网关实例页面查看下单是否成功

3. 激活绑定智能接入网关设备

收到网关设备后，请检查设备配件是否为完整配件，详情请参见 SAG-1000 简介，并且请参考本操作激活设备。

（1）登录智能接入网关管理控制台。

（2）在智能接入网关页面，找到北京固定校区网关实例 ID。

（3）单击"操作"列下的"激活"。

（4）单击北京固定校区网关实例 ID，在智能接入网关实例页面，单击"设备管理"页签，输入北京固定校区智能接入网关设备序列号，如图 4-9 所示。

图 4-9　输入北京固定校区智能接入网关设备序列号

4. 连接智能接入网关设备

绑定智能接入网关后，还需要将智能接入网关接入到本地固定校区，为将本地固定校区接入到阿里云做准备。

请保持网关设备启动且 4G 信号正常，并已经连接到阿里云。

（1）登录智能接入网关管理控制台。

（2）在智能接入网关页面，找到北京固定校区网关实例 ID。

（3）在智能接入网关实例页面，单击"设备管理"页签。

（4）在左侧页签栏，单击"端口角色分配"。

（5）在端口角色分配页面中，单击目标端口的"操作"列下的"修改"，修改端口角色。本场景北京和深圳校区均使用 WAN（端口 5）、LAN（端口 4）。

（6）通过网线，将智能接入网关的 WAN（端口 5）连接到三层交换机的 G11 端口上。

（7）通过网线，将智能接入网关的 LAN（端口 4）连接到三层交换机的 G12 端口上。

北京固定校区网络架构图示例如图 4-10 所示。

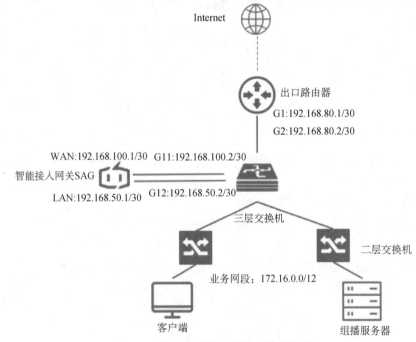

图 4-10　北京固定校区网络架构图示例

5. 配置智能接入网关

可以登录智能接入网关控制台对设备进行配置。

以下操作是对北京固定校区的智能接入网关实例进行配置，请采用同样的操作完成深圳固定校区智能接入网关实例配置。

（1）登录智能接入网关管理控制台。

（2）在智能接入网关页面，单击北京固定校区网关实例 ID。

（3）在智能接入网关实例页面，单击"设备管理"页签。

（4）在左侧页签栏，单击"LAN 口管理"。

（5）在 LAN（端口 4）区域，单击"编辑"。

（6）在 LAN（端口 4）配置页面，"连接类型"选择"静态 IP"，输入规划好的北京固定校区 IP 地址信息，然后单击"确定"按钮，如图 4-11 所示。

图 4-11 　配置 LAN（端口 4）

（7）在左侧页签栏，单击"WAN 口管理"。

（8）在 WAN（端口 5）区域，单击"编辑"。

（9）在 WAN（端口 5）配置页面，"连接类型"选择"静态 IP"，输入规划好的北京固定校区 IP 地址信息，然后单击"确定"按钮，如图 4-12 所示。

图 4-12 　配置 WAN（端口 5）

6. 配置路由

智能接入网关的 WAN 口和 LAN 口配置好后，需要配置线下路由同步方式及静态路由，为实现线下固定校区和云上网络资源互通做准备。

本操作以北京固定校区为例，请采用同样的操作完成深圳校区的配置。

（1）在智能接入网关页面，单击北京固定校区网关实例 ID。

（2）在智能接入网关实例页面，单击"网络配置"页签。

（3）在左侧页签栏，单击"线下路由同步方式"。

（4）选择静态路由，单击"添加静态路由"，然后在打开的页面中单击"确定"按钮，如图 4-13 所示。本操作北京固定校区输入 172.16.0.0/12。

图 4-13　"添加静态路由"页面

（5）保持在该智能接入网关实例页面，单击"设备管理"页签。

（6）在左侧导航栏，单击"路由管理"，然后单击"添加静态路由"。

（7）在添加静态路由页面，添加去往北京固定校区的静态路由，如图 4-14 所示。

图 4-14　添加去往北京固定校区的静态路由

7. 配置交换机和出口路由器

下面以北京固定校区为例，为智能接入网关设备对端的交换机和出口路由器添加路由配置，此处以某品牌交换机和路由器为例，由于不同厂商交换机和路由器配置不同，详情请参考厂商设备手册。

1）互联交换机的路由配置

三层交换机：

```
interface GigabitEthernet 0/11
no switchport
ip address 192.168.100.2 255.255.255.252 智能接入网关对端交换机的端口 IP
interfaceGigabitEthernet 0/12
no switchport
ip address 192.168.50.2 255.255.255.252 智能接入网关对端交换机的端口 IP
ip route 10.0.0.0 255.255.0.0 192.168.50.1 交换机去往北京 VPC 的路由
ip route 10.200.0.0 255.255.0.0 192.168.50.1 交换机去往深圳 VPC 的路由
ip route 10.10.0.0 255.255.0.0 192.168.50.1 交换机去往美西 VPC 的路由
ip route 0.0.0.0 0.0.0.0 192.168.80.1 交换机去往公网路由
```

2）出口路由器的路由配置

出口路由器：

```
ip route 192.168.100.1 255.255.255.252  192.168.80.2 出口路由器去往智能接入网
关的路由
```

8. 绑定智能接入网关到云连接网

要将智能接入网关实例所连接的线下固定校区接入阿里云，必须先创建一个云连接网，然后将智能接入网关实例添加到云连接网内，为实现线下固定校区和云上网络资源互通做准备。

（1）登录智能接入网关管理控制台。

（2）在左侧导航栏，单击"云连接网"。

（3）在云连接网，单击"创建云连接网"，如图 4-15 所示。

（4）在创建云连接网页面，配置云连接网名称，单击"确定"按钮。

云连接网名称长度为 2～100 个字符，以大小写字母或中文开头，可包含数字、下画线（_）或短画线（-）。

图 4-15　创建云连接网

（5）在云连接网页面，单击刚刚创建的云连接网实例 ID。

（6）在云连接网实例页面，单击"绑定智能接入网关"。

（7）在绑定智能接入网关页面，选择"同账号"页签。

（8）选择北京固定校区智能接入网关实例，如图 4-16 所示。

（9）请重复上述步骤，将深圳固定校区智能接入网关实例绑定同一个云连接网。

图 4-16　绑定智能接入网关

可以在云连接网实例页面查看已经绑定的智能接入网关实例，如图 4-17 所示。

图 4-17　查看已经绑定的智能接入网关实例

9. 添加网络实例到云企业网

在智能接入网关绑定到云连接网后，还需要创建一个云企业网，将云连接网和专有网络 VPC 绑定到该云企业网内，为本地固定校区和阿里云上 VPC 网络资源互通做准备。

（1）登录云企业网控制台。

（2）在云企业网实例页面，单击"创建云企业网实例"。

（3）在创建云企业网实例页面，将之前步骤中创建的云连接网直接加载到该云企业网实例中，如图 4-18 所示。

图 4-18　加载已创建的云连接网

（4）单击已创建的云企业网实例 ID 链接，然后单击"加载网络实例"。

（5）在加载网络实例页面，完成以下配置：选择专有网络，选择之前创建的云企业网实例，单击"确定"按钮。

● 实例类型：选择"专有网络（VPC）"。

● 地域：选择云上应用的 VPC 地域。

● 网络实例：选择要互通的 VPC。

（6）重复上述步骤将阿里云深圳 VPC 和阿里云美西 VPC 添加到该云企业网内。

（7）在云企业网页面，单击"网络实例管理"页签，查看阿里云北京 VPC、阿里云美西 VPC，阿里云深圳 VPC 和云连接网是否已经加入云企业网，如图 4-19 所示。

网络实例管理	带宽包管理	跨地域互通带宽管理	路由信息	云服务	PrivateZone	路由策略		
加载网络实例	刷新							
实例ID/名称	所属地域	实例类型		单属账号		加载时间	状态	操作
ccn-□□□□□□□□□□		云连接网（CCN）				2019-08-15 13:50:00	● 已加载	卸载
vpc-□□□□		专有网络（VPC）				2019-08-15 14:32:00	● 已加载	卸载
vpc-□□□□		专有网络（VPC）				2019-08-15 14:48:00	● 已加载	卸载
vpc-□□□□		专有网络（VPC）				2019-10-09 15:29:00	● 已加载	卸载

图 4-19 查看 VPC 是否已加入云企业网

10. 购买带宽包

要实现跨地域网络实例互通，必须购买带宽包并设置跨地域互通带宽。同地域互通不需要购买带宽包。

本场景中需要同时购买跨境和非跨境带宽包，以实现云上网络资源互通。

（1）登录智能接入网关管理控制台。

（2）在左侧导航栏，选择"快捷连接"→"云企业网"，选择之前创建的云企业网实例 ID。

（3）在云企业网实例页面，单击"带宽包管理"页签，然后单击"购买带宽包（预付费）"。

（4）在云企业网（预付费）页面，在"跨境"页签下配置带宽包信息，如图 4-20 所示，然后单击"立即购买"按钮。

● 云企业网：选择 VPC 和云连接网所加入的云企业网。

● 区域-A 和区域-B：选择本次购买带宽包需要互通的 VPC 所在的区域，本操作选择"中国内地"和"北美"。

图 4-20 配置带宽包信息

- 带宽值：根据业务需要，选择跨区域互通的带宽。
- 带宽包名称：输入该带宽包的名称。

（5）在云企业网实例页面，单击"跨地域互通带宽管理"页签，然后单击"设置跨地域带宽"。

（6）设置跨境互通带宽，每个带宽包下的跨地域互通带宽的总和不能大于该带宽包的带宽值。

- 带宽包：选择已绑定至云企业网实例的带宽包，此处选择"中国内地⇌北美"。
- 互通地域：选择需要互通的地域，选择中国内地云连接网和美国（硅谷），请以同样的方式创建华北 2（北京）和美国（硅谷）、华南 1（深圳）和美国（硅谷）的互通带宽包。
- 带宽：根据业务需要，输入带宽值。

（7）购买中国内地互通带宽包。在云企业网（预付费）页面，单击"非跨境"页签，然后完成以下配置。

- 云企业网：选择 VPC 和云连接网所加入的云企业网。
- 区域-A 和区域-B：选择本次购买带宽包需要互通的 VPC 所在的区域，此处均选择"中国内地"。
- 带宽值：根据业务需要，选择跨区域互通的带宽。
- 带宽包名称：输入该带宽包的名称。

（8）在云企业网实例页面，单击"跨地域互通带宽管理"页签，然后单击"设置跨地域带宽"和"中国内地"。

（9）根据以下信息设置跨地域互通带宽，每个带宽包下的跨地域互通带宽的总和不能大于该带宽包的带宽值，然后单击"确定"按钮。

- 带宽包：选择已绑定至云企业网实例的带宽包，此处选择"中国内地⇌中国内地"。
- 互通地域：选择需要互通的地域，选择中国内地云连接网和华北 2（北京）。请以同样的方式创建华北 2（北京）和华南 1（深圳）、中国内地云连接网和华南 1（深圳）的互通带宽包。
- 带宽：根据业务需要，输入带宽值。

11. 访问测试

完成上述配置后，可以通过线下固定校区的客户端访问已连接的 VPC 中部署的云资源验证配置是否生效。

在线测试

本任务测试习题包括填空题、选择题和判断题。

4.3 在线测试

单元 5　云数据库

学习目标

数据库技术在整个计算机及互联网发展中扮演着重要的角色，随着云计算技术及概念在越来越多的企业场景中得到应用，云数据库也得到蓬勃发展。

在公有云中，最普遍的云数据库就是关系型数据库和 NoSQL 数据库，几乎所有的公有云服务提供商都有其对应的产品提供给用户。

5.1 节重点讲述了关系型数据库的起因和云数据库的特征，读者通过学习应该掌握关系型数据库发展的历史和产品优势，最后通过 5.1.4 节学习使用阿里云的 RDS 产品的方法。

5.2 节讲述云数据库的另一种主流类型：NoSQL 数据库，通过学习 NoSQL 的概念，从而加深对 NoSQL 数据库的理解，并且以最具典型的 Redis 为例详细讲述 Redis 的部署架构和技术原理，读者通过学习应该了解并掌握云数据库 Redis 的功能和使用场景，并且学会如何运用性能测试工具去验证 Redis 的性能。

5.1　使用关系型数据库服务

任务描述

无论是个人开发应用，还是企业级软件服务，数据库在其中发挥的作用都是举足轻重的。自公有云诞生以来，各种应用业务不断搬迁到云上运行，大大加快了云数据库的发展。

小周在学校里接触过数据库，也实际操作过数据库的增、删、改、查等基础内容，但是对云上数据库在公有云中的表现还不清楚，因此对云数据库，特别是关系型数据库的知识非常感兴趣，小周决定下一番功夫学习关系型数据库的内容。

在本任务中，小周决定首先了解云数据库的发展历史，再从关系型数据库入手，学习关系型数据库的基本概念、产品优势，最后通过在阿里云上的实际操作快速掌握关系型数据库的基本使用。

5.1.1　云数据库的由来和现状

数据库技术是 IT 信息系统的核心技术之一，自从计算机诞生后，数据库技术一直扮演着非常重要的角色，为广大 IT 产业的从业人员所熟知，但

云数据库的由来
与现状

什么是云数据库呢？

云数据库一般是指被优化或部署到一个虚拟计算环境中的数据库，具有按需付费、按需扩展、高可用性以及存储整合等优势。

云计算是云数据库兴起的基础，云数据库是在云计算的大背景下发展起来的一种新兴的共享数据架构的方法。现在，云数据库作为云计算体系中的一个重要部分，其技术发展越来越快，落地应用也越来越多，受到了企业云市场用户的热烈欢迎，已经逐步成为整个云计算领域中增速最快的部分。云数据库具有以下特性：动态可扩展、高可用性、较低的使用代价、易用性、高性能及免维护。

根据数据库类型的不同，一般分为关系型数据库和非关系型数据库，具体的代表厂商及内容如下。

1. 主流云数据库—关系型数据库

1）阿里云关系型数据库

阿里云关系型数据库 RDS（Relational Database Service）是一种稳定可靠、可弹性伸缩的在线数据库服务。它基于阿里云分布式文件系统和 SSD 盘高性能存储，RDS 支持 MySQL、SQL Server、PostgreSQL 和 MariaDB TX 引擎，并且提供了容灾、备份、恢复、监控、迁移等方面的全套解决方案，彻底解决数据库运维的烦恼。

2）华为云关系型数据库

华为云的云数据库产品包括 RDS（Relational Database Service），它是一种基于云计算平台的稳定可靠、弹性伸缩、便捷管理的在线云数据库服务。云数据库 RDS 支持以下引擎：MySQL、PostgreSQL、SQL Server。

华为云数据库 RDS 服务具有完善的性能监控体系和多重安全防护措施，并提供了专业的数据库管理平台，让用户能够在云上轻松地进行设置和扩展云数据库。

3）亚马逊关系型数据库服务

亚马逊关系型数据库服务（RDS）是专为使用 SQL 数据库的事务处理应用而设计的。规模缩放和基本管理任务都可使用 AWS 管理控制台来实现自动化。

2. 主流云数据库—非关系型数据库（NoSQL）

1）阿里云非关系型数据库

阿里云数据库 MongoDB 版（ApsaraDB for MongoDB）完全兼容 MongoDB 协议，基于飞天分布式系统和高可靠存储引擎，提供多节点高可用架构、弹性扩容、容灾、备份恢复、性能优化等服务。

2）华为云云数据库 GaussDB（for Mongo）

GaussDB（for Mongo）是一款基于华为自研的计算存储分离架构，兼容 MongoDB 生态的云原生 NoSQL 数据库，在华为云高性能、高可用、高可靠、高安全、可弹性伸缩的基础上，提供了一键部署、快速备份恢复、计算存储独立扩容、监控告警等服务。

5.1.2 关系型数据库概述

关系型数据库，是指采用了关系模型来组织数据的数

详解关系型
云数据库

云数据库与传统
数据库的区别

据库，其以行和列的形式存储数据，以便于用户理解，关系型数据库这一系列的行和列被称为表，一组表组成了数据库。用户通过查询来检索数据库中的数据，而查询是一个用于限定数据库中某些区域的执行代码。关系模型可以简单理解为二维表格模型，而一个关系型数据库就是由二维表及其之间的关系组成的一个数据组织。

关系型数据库是建立在实体关系模型基础上的数据库，这种实体关系可以理解为由关系数据结构、关系操作集合和关系完整性约束三部分组成。在数据库中，关系操作包括新增、删除、修改、查询等数据操作。

通过以上概念的学习，可能很多读者会产生一种疑问：这种关系型数据库与传统的 MySQL、SQL Server 数据库到底有什么关系？实际上，关系型数据库服务（Relational Database Service，RDS）是一种稳定可靠、可弹性伸缩的在线数据库服务。本章节以阿里云云数据库为例简要介绍 RDS 下的多种常用数据存储引擎。

1. 云数据库 MySQL

MySQL 可以说是当今业界最受欢迎的开源数据库之一，阿里云基于开源 MySQL 技术推出 RDS MySQL 产品服务，这种 RDS MySQL 基于阿里巴巴的 MySQL 源码分支，经过线上贸易大促并发和大数据量的考验，拥有优良的性能。RDS MySQL 支持实例管理、账号管理、数据库管理、备份恢复、白名单、透明数据加密以及数据迁移等基本功能。除此之外还提供如下高级功能。

1）专属集群 MyBase

由多台主机（底层服务器，如 ECS I2 服务器、神龙服务器）组成的集群。

2）只读实例

在对数据库有少量写请求，但有大量读请求的应用场景下，单个实例可能无法承受读取压力，甚至对业务产生影响。

3）读写分离

读写分离功能是在只读实例的基础上，额外提供了一个读写分离地址，联动主实例及其所有只读实例，创建自动的读写分离链路。应用程序只需连接读写分离地址进行数据读取及写入操作，读写分离程序会自动将写入请求发往主实例，而将读取请求按照权重发往各个只读实例。

4）自治服务 DAS

对 SQL 语句性能、CPU 使用率、IOPS 使用率、内存使用率、磁盘空间使用率、连接数、锁信息、热点表等，DAS 提供了智能的诊断及优化功能，能最大限度发现数据库存在的或潜在的健康问题。

2. 云数据库 SQL Server

SQL Server 是历史悠久的商用级数据库，通过 SQL Server 成熟的企业级架构，可以帮助企业用户轻松应对各种复杂数据环境。

阿里云的 RDS SQL Server 不仅拥有高可用架构和任意时间点的数据恢复功能，强力支撑各种企业应用，同时也包含了微软的 License 授权，减少额外支出。和 RDS MySQL 类似，RDS SQL Server 也同样提供专属集群 MyBase、读写分离、只读实例等高级功能。

3. 云数据库 PostgreSQL

PostgreSQL 是一个开源对象云数据库管理系统，并侧重于可扩展性和标准的符合性，被业界誉为"最先进的开源数据库"。

阿里云发布的 RDS PostgreSQL 产品的优点主要是对 SQL 规范的完整实现以及丰富多样的数据类型支持，包括 JSON 数据、IP 数据和几何数据等。除了完美支持事务、子查询、多版本控制、数据完整性检查等特性外，RDS PostgreSQL 还集成了高可用和备份恢复等重要功能。和 RDS MySQL 类似，RDS PostgreSQL 也同样提供专属集群 MyBase、只读实例等高级功能，除此之外，RDS PostgreSQL 还拥有全加密云数据库的高级功能，通过全加密的方式，数据在用户侧加密后传入云数据库，能够有效防御来自云平台外部和内部的安全威胁。

5.1.3 云数据库 RDS 的产品优势

在公有云上，云数据库 RDS 服务一般都提供了专业的数据库管理平台，通过云数据库 RDS 服务的管理控制台，让用户能够在云上轻松地进行设置和扩展云数据库，而且用户无须编程就可以执行所有必需任务，从而专注于开发应用和业务发展。

关系型云数据库
的产品优势

随着云计算技术的不断发展，云数据库的概念和技术也一直处于不断的变化和发展当中，帮助企业用户从传统数据库使用模式跳转到云数据使用模式，是个巨大的改变，而云数据库 RDS 具备如下一些优势或特点。

1. 低成本

云计算使企业用户可以按需开通业务，从而使得云数据库 RDS 具备了即开即用、灵活计费等特点。例如，在企业业务发展初期，用户可以购买小规格的 RDS 实例来应对业务压力，随着业务不断发展，RDS 数据库压力和数据存储量的增加，可以升级实例规格，当发展业务回到低峰时，可以降低实例规格，以节省费用。

RDS 还提供了短期需求、长期需求两种计费方式。针对短期需求的用户，可以创建按量付费（按小时计费）的实例，用完可立即释放实例，节省费用；针对长期需求的用户，可以创建包年包月的实例，价格更实惠，且购买时长越长，折扣越多。

2. 高性能

性能表现是衡量云数据库 RDS 的一个重要指标。各家公有云服务提供商在云数据库 RDS 上都投入巨大的研发力量去不断提升数据库的使用体验和极致性能。

以阿里云云数据库 RDS 为例，其 RDS 的所有参数都经过阿里云数据库行业专家多年的生产实践和优化，特别是在 RDS 实例的生命周期内，阿里云持续对其进行优化；其次，针对企业用户不同的应用场景特点，RDS 会锁定效率低下的 SQL 语句并提出优化建议，以便优化业务代码；在硬件保障方面，阿里云同样不遗余力，RDS 使用的所有服务器硬件都经过多方评测，确保拥有极佳的性能和稳定性。

3. 高可用性

云数据库 RDS 一般采用双机热备，即 RDS 服务采用热备架构，故障秒级自动切换。

简单来说就是，当主节点发生故障时，主备节点秒级完成切换，整个切换过程对应用透明；备节点发生故障时，RDS 会自动新建备节点以保障高可用。

另外，RDS 一般还提供数据备份功能，实现每天自动备份数据，备份文件保留天数最多为 732 天，并且支持一键式恢复，如支持按备份集和指定时间点的恢复。用户可以将 732 天内任意一个时间点的数据恢复到云数据库 RDS 新实例或已有实例上，数据验证无误后即可将数据迁回云数据库 RDS 主实例。

4. 高安全性

云数据库 RDS 提供多种安全措施，保证用户的云上数据安全，具体措施包括以下两个。

1）防 DDoS 攻击

当云数据库使用者通过外网连接和访问 RDS 实例时，可能会遭受 DDoS 攻击。当 RDS 安全体系认为 RDS 实例正在遭受 DDoS 攻击时，会首先启动流量清洗功能，如果流量清洗无法抵御攻击或者攻击达到黑洞阈值时，将会进行黑洞处理，保证 RDS 服务的可用性。

2）访问控制策略

主流的公有云服务提供商在云数据库安全防护方面都会提供完善的访问控制功能，如阿里云可以为每个实例定义 IP 白名单，只有白名单中的 IP 地址所属的设备才能访问 RDS，而华为云的访问策略则是另外一种实现方式，即通过主/子账号和安全组实现访问控制，在创建云数据库 RDS 实例时，云数据库 RDS 服务会为租户同步创建一个数据库主账户，再根据需要创建数据库实例和数据库子账户，将数据库对象赋予数据库子账户，从而达到权限分离的目的。

5.1.4　通过阿里云快速入门 RDS

为帮助读者更深入地理解关系型数据库，本章节着重介绍如何快速使用阿里云数据库 MySQL，帮助读者快速了解云数据库 MySQL 使用的全流程，从实例的创建到基本使用，大致流程包括图 5-1 中的 4 个步骤。

数据库上云如何顺利进行？

关系型数据库的典型场景与案例分析

图 5-1　快速入门 RDS

步骤一：准备工作

通常，一个 RDS 实例就是一台数据库服务器，应用服务器可以连接到 RDS 实例，使数据存放在 RDS 实例。

确认待部署 RDS 的实例，即 RDS 实例选型。这是个需要企业用户认真准备的过程，创建 RDS 实例前，企业或普通个人用户需要结合性能、价格、工作负载等因素，做出性价比与稳定性最优的决策。

1）了解 RDS 实例类型

阿里云的云数据库 RDS 实例包括四个系列：基础版、高可用版、集群版和三节点企业版，如图 5-2 所示。

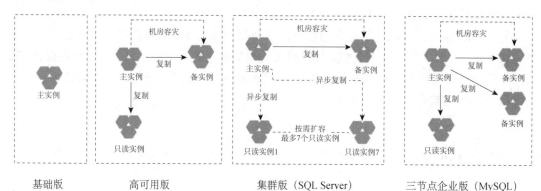

图 5-2 阿里云云数据 RDS 实例类型

2）了解实例规格族

阿里云 RDS 根据 CPU、内存、连接数和 IOPS，提供多种实例规格族，一种实例规格族又包括多个实例规格，详细说明如图 5-3 所示。

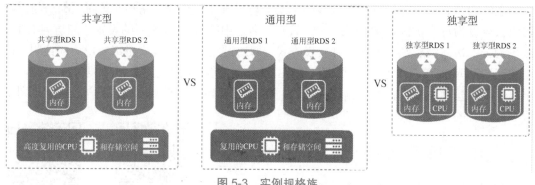

图 5-3 实例规格族

共享型规格，指的是独享被分配的内存和存储资源，与同一物理机上的其他共享型规格实例共享 CPU 资源，适用于追求高性价比，需要减轻使用成本的应用场景。

通用型规格，指的是独享被分配的内存，与同一物理机上的其他通用型规格实例共享 CPU 和存储资源，适用于对性能稳定性要求较低的应用场景。

独享型规格，完全独享 CPU 和内存，性能长期稳定，不会因为物理机上其他实例的行为而受到影响，独享型规格的顶配是独占物理机，完全独占一台物理机的所有资源。

3）选型

关于如何选型 RDS 实例，在大多数情况下，建议选择高可用系列，它采用的是一主一备的经典高可用架构，对数据安全性要求非常高的金融、证券、保险行业，或大型企业的核心数据库，建议选择三节点企业版（MySQL）或集群版（SQL Server）。

至于实例规格的参数包括 CPU 核数、内存大小、最大连接数和最大 IOPS，可以在创建实例时，先选择规格分类，包含共享型、通用型和独享型，然后根据业务需求选择合适的规格。

步骤二：创建 RDS 实例

通过步骤二详细介绍如何创建云数据库 RDS MySQL 实例，具体步骤如下：

（1）登录阿里云，单击"RDS 实例创建"，打开相关页面。

（2）为 RDS 实例选择计费方式，如包年包月、按量计费。

（3）选择地域，一般来说建议将 RDS 实例创建在 ECS 实例所在的地域。否则，ECS 实例只能通过外网访问 RDS 实例，无法发挥最佳性能。

（4）选择数据库类型。本章节选择 MySQL。MySQL 建议选择高版本（8.0 或 5.7）或者与本地 MySQL 同版本，默认为 8.0。

（5）实例选型。企业或个人用户根据业务负载需要和特点，合理选择 RDS 的实例，阿里云支持基础版、高可用版和三节点企业版，如表 5-1 所示。

表 5-1　RDS 实例规格

系列	说明	特点
基础版	一个节点	性价比高，用于学习或测试。 故障恢复和重启耗时较长
高可用版（推荐）	一个主节点和一个备节点，还可扩展只读节点	高可用，用于生产环境，适合 80%以上的用户场景
三节点企业版	一个主节点和两个备节点，还可扩展只读节点	提供金融级可靠性

（6）选择存储类型。阿里云云数据库 RDS 实例提供两种存储类型：本地 SSD 盘、ESSD 云盘，具体的规格和指标如表 5-2 所示。

表 5-2　存储类型

对比项	ESSD 云盘（推荐）	本地 SSD 盘
单性扩展	★★★★★ ○ 最大容量 32TB ○ 扩存储无闪断 ○ 分钟级升降配、增减节点 ○ 支持自动扩容	★★ ○ 最大容量 6TB ○ 扩存储有闪断 ○ 升降配、增减节点可能数小时 ○ 不支持自动扩容
性能	★★★★★ ○　PL1<PL2<PL3 ○　PL2 比 PL1 最高提升 2 倍 IOPS 和吞吐量 ○　PL3 比 PL1 最高提升 20 倍 IOPS、11 倍吞吐量	★★★★★
备份	★★★★★ ○ 分钟级/秒级备份 ○ 最高频率每 15 分钟一次	★★★ ○ 备份时间较长 ○ 最高频率每天一次

（7）选择实例规格。实例规格包括通用型、独享型和共享型，一般使用最多的规格为通用型和独享型。完成规格选型后，还要选择具体的 CPU 和内存规格，在生产环境上建议 CPU 采用 4 核或以上。

（8）选择存储空间。存储空间范围（最小值和最大值）与前面选择的实例规格和存储类型有关。

在阿里云 RDS 实例中，使用者如果需要调整存储空间，可以增加或减小容量，如图 5-6 所示。

图 5-6　为 RDS 实例确认存储空间

（9）选择网络类型。关于 RDS 实例中的网络类型，首先，建议选择与阿里云云服务器实例相同的网络类型，否则，云服务器实例与 RDS 实例无法内网互通。其次，如果网络类型为专有网络，还需选择 VPC 和交换机，同样建议选择与 ECS 实例相同的 VPC。

（10）确认开通及查看信息。完成所有必填项的参数配置后，用户需要确认订单信息、购买量和购买时长（仅包年包月实例），勾选服务协议，单击"去支付"按钮，完成支付，阿里云公有云的控制台提示支付成功或开通成功即代表开通 RDS 实例完成。

之后进入实例列表，在上方选择实例所在地域，根据创建时间找到刚刚创建的实例，如图 5-7 所示。

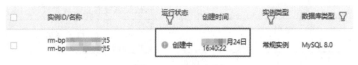

图 5-7　查看实例

步骤三：创建数据库和账号

通过步骤三详细介绍如何在 RDS 实例中创建数据库和账号，具体步骤如下。

1）创建数据库

（1）访问 RDS 实例列表，先在上方选择地域，再单击目标实例 ID。

（2）在左侧导航栏中单击"数据库管理"。

（3）单击"创建数据库"按钮，如图 5-8 所示。

图 5-8　创建数据库

（4）设置数据库的基本参数，如数据库的名称、支持字符集、授权账号和账号类型，确定后完成创建。

2）创建数据库账号

（1）访问 RDS 实例列表，先在上方选择地域，再单击目标实例 ID。

（2）在左侧导航栏选择"账号管理"。

（3）单击"创建账号"按钮，如图 5-9 所示。

（4）填写数据库账号。以小写字母开头，以小写字母或数字结尾，支持小写字母、数字和下画线。

（5）选择账号类型。账号一般包括普通账号、高权限账号。如果选择普通账号，选择要授权的数据库，单击箭头将其添加至右侧，并设置权限，如读写（DDL+DML）、只读、仅 DDL 或仅 DML，如图 5-10 所示。

图 5-9　创建账号

图 5-10　设置账号

（6）填写账号密码并确定创建。

步骤四：连接 RDS 实例

在之前的步骤中，已经完成了 RDS 实例的创建，以及云数据库的创建，接下来，需要通过客户端或命令实现连接到 RDS 实例中。

1）确认是否满足内网访问条件

查看 RDS 实例的地域和网络类型。访问 RDS 实例列表，在上方选择目标实例所在地域，找到目标实例，即可看到实例 ID/名称、网络类型、实例类型等，如图 5-11 所示。

图 5-11　查询 RDS 实例的网络类型

主要检查点包括：云服务器实例与 RDS 实例是否位于同一地域；云服务器实例与 RDS 实例的网络类型是否相同。如果都是专有网络，则专有网络 ID 也需要相同。

2）设置 IP 白名单

（1）访问 RDS 实例列表，先在上方选择地域，再单击目标实例 ID。

（2）在左侧导航栏选择"数据安全性"。

（3）确认 IP 白名单模式，如图 5-12 所示。

图 5-12　设置 IP 白名单

（4）把应用服务器 IP 地址添加至白名单中。添加后，该应用服务器才能访问 RDS 实例。

3）连接 RDS 实例

连接 RDS 实例，通常有两种方式，一是直接利用命令行去连接，二是下载客户端进行连接。

首先来看使用命令行如何连接 RDS 实例，具体步骤如下。

（1）登录到需要连接 RDS 的服务器，比如 ECS 服务器或本地服务器。

（2）执行连接命令。

```
[root@localhost ~]# mysql -h 连接地址 -P 端口 -u 用户名 -p        //注意一个是大写字
母 P，一个是小写字母 p。
```

这里的连接地址和端口指的是 RDS 实例地址和端口，然后输入数据库的账号和密码，如果连接无异常，会看到图 5-13 所示的内容。

```
Welcome to the MySQL monitor.  Commands end with ; or \g.
Your MySQL connection id is 51325
Server version: 8.0.18 Source distribution
```

图 5-13　数据库登录成功

其次，如何通过客户端方式连接 RDS 实例，具体过程如下。

可以使用任何通用的 MySQL 客户端连接到 RDS MySQL，以 MySQL Workbench 为例，其他客户端的操作类似。

（1）打开 MySQL Workbench 下载页面，选择操作系统后，单击"Download"。

（2）安装 MySQL Workbench。

（3）打开 MySQL Workbench，选择"Database"→"Connect to Database"。

（4）在打开的对话框中输入连接信息，如图 5-14 所示。

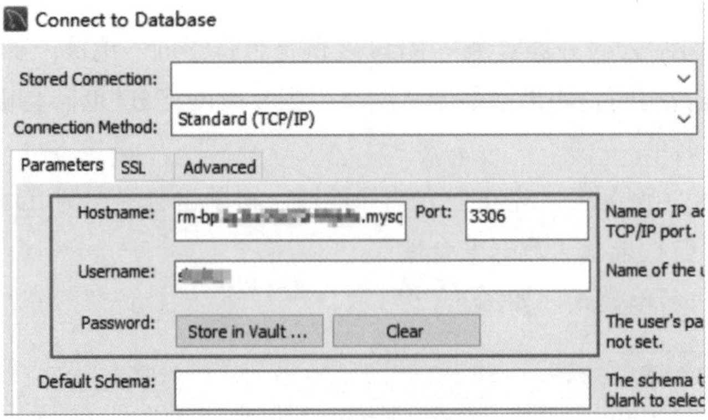

图 5-14　在客户端输入数据库账号信息

在图 5-14 中客户端显示的 Hostname 和 Port，分别指的是 RDS 实例地址和端口。而 Username 和 Password 可以在阿里云的 RDS "账号管理"页面获取。

5.2　使用 NoSQL 数据库服务

任务场景

为了满足普通用户和企业级用户的业务在缓存、存储、计算等不同场景中的需求，公有云一般还会提供 NoSQL 数据库服务。

小周在完成关系型数据库的学习任务后，将目光转向 NoSQL 数据库服务，在请教导师后，导师告诉他一些学习或掌握 NoSQL 数据库服务的建议。在本任务中，小周将先从了解 NoSQL 数据库的特征和功能开始，之后利用云数据库 Redis 例子，详细学习 Redis 的功能、产品价值，在此基础上深入了解云数据库 Redis 的架构、技术原理，最后通过实践掌握 Redis 的性能测试方法。

5.2.1　NoSQL 数据库的特征

随着技术的不断进步，数据库也由传统关系型数据库主导逐步转变为由 SQL、NoSQL 等不同类型的数据库共同主导。

NoSQL-面向云规模未来的数据库

NoSQL，泛指非关系型的数据库。20 世纪至 21 世纪，互联网服务蓬勃发展，传统的关系型数据库在处理 Web 网站，特别是超大规模和高并发的 SNS 类型的 Web 纯动态网站方面已经显得力不从心，出现了很多难以克服的问题，而非关系型的数据库则由于其本身的特点得到了非常迅速的发展。

相比常见的 SQL 型数据库，NoSQL 数据库并不具备 ACID 特性及 SQL 查询功能，但是 NoSQL 数据库具有强大的可扩展能力，使业务的扩展可以不受底层数据库的约束。NoSQL 可以说是一项全新的数据库革命性运动，相对于铺天盖地的关系型数据库，对应的 NoSQL 数据库种类也很多，主要代表有 MongoDB、HBase、Redis、InfluxDB 等。

NoSQL 类型数据库具有如下优点：易扩展，NoSQL 数据库种类繁多，但是一个共同的特点都去掉了关系型数据库的关系型特性，数据之间无关系，这样就非常容易扩展；大数据量，高性能，NoSQL 数据库都具有非常高的读写性能，尤其在大数据量下，同样表现优秀。这得益于它的无关系性，数据库的结构简单。

5.2.2　什么是云数据库 Redis

公有云服务提供商在推出关系型云数据库之外，还为企业用户推出了多种引擎的 NoSQL 数据库服务，例如，阿里云的云数据库 Redis 版和 HBase 版、华为云的 GaussDB for Redis 和 GaussDB for Mongo 等。

什么是云数据库 Redis？

以下以阿里云的云上 Redis 服务为例子，带领读者了解云数据库 NoSQL 的产品特征和应用场景。

云数据库 Redis 是一种基于计算存储分离架构，兼容 Redis 生态的云原生 NoSQL 数据库，云上 Redis 服务一般可以兼容开源 Redis 协议标准，在此基础上提供混合存储的数据库服务。

1. 为什么选择云数据库 Redis 版

企业或普通用户为什么要选择云数据库 Redis 来部署自己的数据库呢？

首先，云数据库 Redis 硬件部署在云端，提供完善的基础设施规划、网络安全保障和系统维护服务，使得企业用户可以专注于业务创新。

其次，云数据库 Redis 支持 String（字符串）、List（链表）、Set（集合）、Sorted Set（有序集合）、Hash（哈希表）、Stream（流数据）等多种数据结构，同时支持 Transaction（事务）、Pub/Sub（消息订阅与发布）等高级功能。

最后，相比传统自建 Redis 版，阿里云的云数据库 Redis 已经在社区版的基础上推出企业级缓存服务产品，提供性能增强型、持久内存型、容量存储型。

2. 云数据库 Redis 与自建 Redis 的对比

相比自购服务器搭建 Redis 数据库，云数据库 Redis 在安全防护、运维管理、备份恢复等方面都有一定的优势，如表 5-15 所示。

表 5-15　云数据库 Redis 与自建 Redis 的对比

对比项	云数据库 Redis	自建 Redis
安全防护	1. 事前防护 （1）VPC 网络隔离。 （2）白名单控制访问。 （3）自定义账号与权限。 2. 事中保护：SSL 加密访问 3. 事后审计：审计日志	1. 事前防护 （1）需自行构建网络安全体系，成本高，难度大。 （2）社区版 Redis 的默认访问配置存在安全漏洞，可能导致 Redis 数据泄露。 （3）无账号鉴权体系。 2. 事中保护 需要自行通过第三方工具实现 SSL 加密访问 3. 无事后审计功能
备份恢复	支持数据闪回功能，可以恢复指定时间点的数据	仅支持一次性全量恢复
运维管理	1. 支持十余组监控指标，最小监控粒度为 5 秒 2. 支持报警设置 3. 可根据需求创建多种架构的实例，支持变配到其他架构和规格 4. 提供基于快照的大 key 分析功能，精度高，无性能损耗	1. 需使用管理方式复杂的第三方监控工具实现服务监控 2. 改变规格或架构的操作复杂，且需要停止服务 3. 支持基于采样的大 key 分析，统计粗糙，精度较低
部署和扩容	即时开通，弹性扩容	需要自行完成硬件采购、机房托管、机器部署等工作，周期较长，且需要自行维护节点关系
高可用	1. 提供单可用区高可用方案 2. 提供同城容灾方案 3. 高可用性由独立的中心化模块保障，决策效率高且稳定，不会出现脑裂（split brain）现象	1. 需要自行部署基于哨兵模式的机房内高可用架构 2. 可基于哨兵模式搭建同城容灾架构 3. 高可用性由哨兵机制保障，搭建成本高，且在业务高峰期决策效率低，可能发生脑裂导致业务受损

3. 云数据库 Redis 的应用场景

1）电商行业应用

电商行业中对于 Redis 大量使用，多数在商品展示、购物推荐等模块。

场景一：秒杀类购物系统

大型促销秒杀系统，系统整体访问压力非常大，一般的数据库根本无法承载这样的读取压力。云数据库 Redis 版支持持久化功能，可以直接选择 Redis 作为数据库系统使用。

场景二：带有计数系统的库存系统

底层用 RDS 存储具体数据信息，数据库字段中存储具体计数信息。云数据库 Redis 版用来进行计数的读取，RDS 存储计数信息。云数据库 Redis 版部署在物理机上，底层基于 SSD 高性能存储，可以提供极高的数据读取能力。

2）游戏行业应用

游戏业务数据 Schema 较为简单，可选择云数据库 Redis 版作为持久化数据库，通过使用简洁的 Redis 接口快速完成业务开发上线。例如，可使用 Redis 的有序集合结构完成游戏排行榜的实时展现。

此外，对于时延非常敏感的游戏场景，也可以使用云数据库 Redis 版作为前端缓存（需要配置大内存），加速应用访问。

3）视频直播应用

现如今，网络直播现象非常火热，热门直播间往往占据了视频直播应用的大多数流量，使用云数据库 Redis 版，可以更加有效地利用宝贵的内存资源，通过在内存中保留热门直播间数据，在共享存储中保留冷门直播间数据，为客户降低使用成本。

云数据库 Redis 的部署架构和技术原理

5.2.3　云数据库 Redis 的部署架构和技术原理

当前，阿里云的云数据库 Redis 版支持三种架构类型，即标准版、集群版与读写分离版，其中标准版、集群版都有单副本和双副本两种节点类型提供给用户。

云数据库 Redis 版支持灵活的多种部署架构，能够满足不同的业务场景，具体内容如下。

1. 标准版-单副本

阿里云云数据库 Redis 的标准版-单副本采用单节点架构，可以在没有数据可靠性要求的纯缓存场景充分发挥性能优势。

这种标准版-单副本技术的原理是采用单个数据库节点部署架构，没有可实时同步数据的备用节点，不提供数据持久化和备份策略，这样一来就对可靠性产生影响，因此这种部署架构只适用于数据可靠性要求不高的纯缓存业务场景使用。但同时为最大限度地保障数据库中数据的安全，阿里云自研的 HA 高可用系统会实时探测节点的服务情况，一旦发现业务不可用，这种 HA 系统会在最长 30 秒的时间内重新拉起一个 Redis 进程继续为用户提供 Redis 服务，如图 5-16 所示。

2. 标准版-双副本

标准版-双副本是相对标准版-单副本而言的，在标准版-单副本的基础上，这种架构采用主从架构，不仅能提供高性能的缓存服务，还支持数据高可靠。

标准版-双副本的技术原理是采用主从（即 Master-Replica）模式搭建。一般情况下，主节点就可以满足日常业务需求，而备节点仅仅作为 HA 高可用，一旦主节点发生故障，HA 系统会自动在 30 秒内切换至备节点，从而保证业务平稳切换。

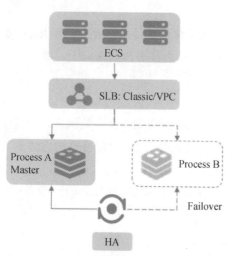

图 5-16 标准版-单副本架构示意图

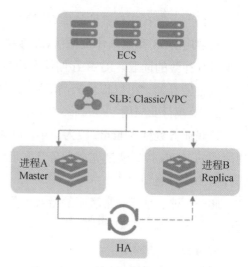

图 5-17 标准版-双副本架构示意图

众所周知，Redis 原生复制存在诸多弊端，例如：

（1）Redis 复制中断后，从节点会立即发起 psync，psync 尝试部分同步，如果不成功，就会全量同步 RDB 并发送至从节点。

（2）如果 Redis 全量同步，会导致主节点执行全量备份，进程 Fork（复刻），可造成主节点达到毫秒或秒级的卡顿。

（3）Redis 进程 Fork 导致 Copy-On-Write，Copy-On-Write 导致主节点进程内存消耗，极端情况下会造成主节点内存溢出，程序异常退出。

（4）Redis 主节点生成备份文件导致服务器磁盘 I/O 和 CPU 资源消耗。

（5）发送 GB 级别大小的备份文件，会导致服务器网络出口暴增，磁盘顺序 I/O 吞吐量高，期间会影响业务正常请求响应时间，并产生其他连锁影响。

阿里云针对 Redis 主从复制机制进行了定制修改，采用增量日志格式进行复制传输。当主从复制中断后，对系统性能及稳定性影响极低，从而最大限度地避免 Redis 原生复制的弊端。

3. 集群版-单副本

所谓集群版-单副本，在阿里云中指的是采用代理（Proxy）集群模式，数据分片为单节点架构。

相比 Redis 自身单线程而言，云数据库 Redis 的集群版-单副本实例可以突破单线程不可避免的性能瓶颈，从而满足云上业务针对 Redis 大容量或高性能的业务需求。同时，集群架构的本地盘实例默认采用代理（Proxy）模式，支持通过一个统一的连接地址（域名）访问 Redis 集群，客户端的请求通过代理服务器转发到各数据分片，代理服务器、数据分片和配置服务器均不提供单独的连接地址，如图 5-18 所示。

在图 5-18 中，需要注意的是几个重要的组件，一是 Proxy Servers，代表单节点配置，集群版结构中会由多个 Proxy 组成，系统会自动对其实现负载均衡及故障转移；二是 Config Server，采用双副本高可用架构，用于存储集群配置信息及分区策略。

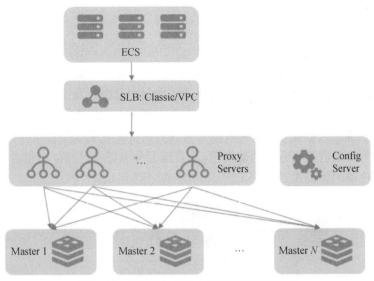

图 5-18　集群版-单副本代理模式服务架构

4. 集群版-双副本

除集群版-单副本之外，阿里云还提供了集群版-双副本的部署架构，在这种双副本架构下，阿里云支持代理和直连两种连接模式。

所谓直连模式，因所有请求都要通过代理服务器转发，代理模式在降低业务开发难度的同时也会小幅度影响 Redis 服务的响应速度。如果业务对响应速度的要求非常高，可以使用直连模式，绕过代理服务器直接连接后端数据分片，从而降低网络开销和服务响应时间。直连模式的服务架构和说明如图 5-19 所示。

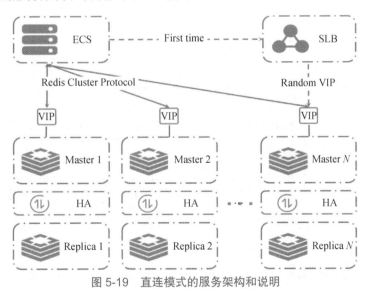

图 5-19　直连模式的服务架构和说明

需要注意的是，如果使用者需要这种直连模式需要先开通直连访问，获取直连地址，然后使用连接原生 Redis Cluster 的方式连接集群。客户端首次连接时会通过 DNS 将直连地址解析为一个随机数据分片的虚拟 IP（VIP）地址，之后即可通过 Redis Cluster 协议访问各数据分片。

5. 读写分离版

针对读多写少的业务场景，云数据库 Redis 推出了读写分离版的产品形态，提供高可用、高性能、灵活的读写分离服务，满足热点数据集中及高并发读取的业务需求。

阿里云云数据库的读写分离版主要由主节点、备节点、只读节点、Proxy（代理）节点和高可用系统组成。云数据库 Redis 版读写分离实例可细分为非集群读写分离和集群读写分离，图 5-20 为非集群读写分离的架构图，集群读写分离即在此基础上包含多个数据分片。读写分离版组件说明如表 5-21 所示。

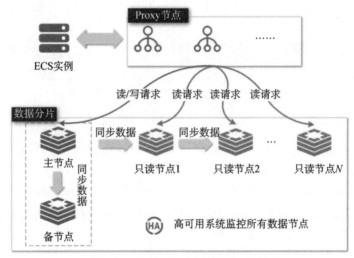

图 5-20   非集群读写分离的架构图

表 5-21   读写分离版组件说明

组件	说明
主节点	承担写请求的处理，同时和只读节点共同承担读请求的处理
备节点	作为数据备份使用，不对外提供服务
只读节点	承担读请求的处理。只读节点采用链式复制架构，扩展只读节点个数可使整体实例性能呈线性增长。同时，采用优化后的 binlog 执行数据同步，可最大限度地规避全量同步
Proxy（代理）节点	客户端和 Proxy 节点建立连接后，Proxy 节点会自动识别客户端发起的请求类型，按照权重负载均衡（暂不支持自定义权重），将请求转发到不同的数据节点中
高可用系统	自动监控各节点的健康状态，异常时发起主备切换或重搭只读节点，并更新相应的路由及权重信息

高可用是读写分离版的主要特色，通过阿里云的高可用系统自动监控所有数据节点的健康状态，为整个实例的可用性保驾护航。当主节点不可用时自动选择新的主节点并重新搭建复制拓扑，如果发生某个只读节点异常时，高可用系统能够自动探知并重新启动新节点完成数据同步，下线异常节点。

5.2.4　云数据库 Redis 如何选择规格和节点

现在的公有云服务提供商都提供了多种实例规格，不同的实例规格和节点数量拥有着不同的性能。在创建 Redis 实例前，用户需要结合产品性能、价格、业务场景、工作负载等因素，做出性价比与稳定性最优的决策。

本章节以阿里云的云数据库 Redis 为例总结了一些实践经验，帮助用户决策如何选择云数据库 Redis 版实例的规格和节点数量。

1. 了解云数据库 Redis 产品系列

阿里云云数据库 Redis 版是兼容开源 Redis 协议、提供丰富存储介质的数据库服务，基于双机热备架构及集群架构，可满足高吞吐、低延迟及弹性变配等业务需求。如图 5-22 所示的是阿里云的云数据库 Redis 产品系列。

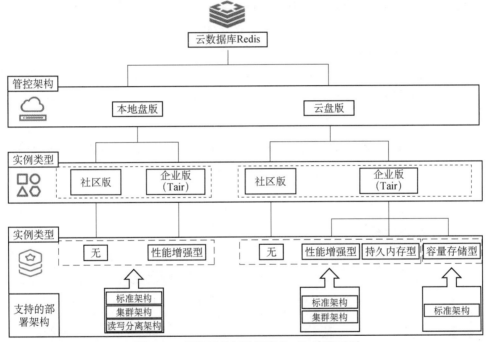

图 5-22　阿里云的云数据库 Redis 产品系列

2. 选型流程一：云盘版或本地盘版

企业或普通用户在充分了解 NoSQL 云数据库的产品特征后，需要再次结合云数据库产品的性能、价格、业务场景、工作负载等因素，选择符合自身发展要求的实例类型与规格。

在规格选型中，首先面对的就是选择云数据库的本地盘版或云盘版。截至目前，阿里云云数据库 Redis 的本地盘版实例功能相对较为完整，而云盘版实例也有自己的特色，它采用云原生基础架构，支持集群无感扩缩容，可通过自定义分片数量的方式来实现扩缩容。两者之间具体差别，如表 5-23 所示。

表 5-23　阿里云本地盘和云盘的区别

对比项	本地盘实例	云盘实例
架构	基于云数据库 Redis 传统管控架构	基于云数据库 Redis 新一代管控架构
扩容能力	1. 扩容耗时较长 2. 集群架构的实例扩容会有闪断 3. 集群架构实例的分片节点的扩展数固定，例如 2 分片、4 片、8 分片等	1. 扩容能力比本地盘更好 2. 集群架构的实例扩容无闪断 3. 集群架构的实例支持自由调整分片节点的数量（最少 1 个分片节点），支持单分片的扩缩容，可更好地应对读写热点和倾斜
功能支持度	支持全面的功能	支持大部分功能。其他功能正在支持中，例如按量付费计费方式、日志管理等

3. 选型流程二：选择社区版或企业版

云数据库 Redis 在提供社区版的同时，还基于阿里云内部使用的 Tair 产品研发并推出企业级缓存服务产品，即 Redis 企业版。

企业版的优点有哪些呢？首先，Redis 企业版从访问延时、持久化需求、整体成本这三个核心维度考量，基于 DRAM、NVM 和 ESSD 云盘存储介质，推出了多种具有更强性能、更多数据结构和更灵活的存储方式。此外，Redis 企业版在兼容社区版的基础上，还支持了一些高级特性，例如，通过数据闪回按时间点恢复数据、代理查询缓存、全球多活等。

4. 选型流程三：选择部署架构

云数据库 Redis 支持三种不同的部署架构，可满足不同的业务场景对业务读写能力、数据量和性能的要求。这三种部署架构的对比，可参考图 5-23，具体差异可参考 5.2.3 节的内容。

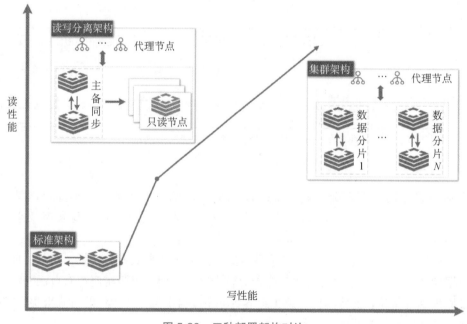

图 5-23　三种部署架构对比

5. 选型流程四：选择容灾方案

如何保证云上数据库的用户数据安全，是各家公有云服务商的核心考虑问题。当云数据库 Redis 发生故障时，需要一种稳定、可靠的容灾方案。如图 5-24 所示是阿里云在云数据库 Redis 上对数据库容灾方案的演进对比。

图 5-24　阿里云在云数据库 Redis 上对数据库容灾方案的演进对比

灾备方案分为以下三种。

1）单可用区高可用方案

主、备节点均部署在同一可用区中的不同机器上，当任一节点发生故障时，由高可用 HA（High Availability）系统自动执行故障切换，避免单点故障引起的服务中断。

2）同城容灾方案

主、备节点分别部署在同一地域下两个不同的可用区，当任一可用区因电力、网络等不可抗因素失去通信时，高可用 HA 系统将执行故障切换，确保整个实例的持续可用。

3）跨地域容灾方案

由多个子实例构成全球分布式实例，所有子实例通过同步通道保持实时数据同步，由通道管理器负责子实例的健康状态监测、主备切换等异常事件的处理，适用于异地灾备、异地多活、应用就近访问、分摊负载等场景。

6. 选型流程五：预估内存规格

通常情况下，企业用户需要考虑下述因素预估可能消耗的内存容量并在创建实例时选择对应的规格，该操作有助于节约成本、避免频繁变更规格给业务带来的影响，助力业务快速上云。

（1）Key 的数据类型、长度和数量。

（2）Value 的长度。

（3）Key 的过期时间与逐出策略。

（4）访问模型，例如，大量的客户端连接、使用 Lua 脚本或事务等，均需要为其预留适量的内存。

（5）中长期的业务增长情况。

5.2.5　Redis 集群版性能测试方法

云数据库 Redis 集群版-双副本，在理论上可轻松突破 Redis 自身单线程瓶颈，满足大容量、高性能的业务需求，适用于数据量较大、QPS 压力负载较高等吞吐量密集型的应用场景。

Redis 集群版-双副本的性能实际效果如何，是否满足企业用户的业务需求？接下来通过一系列测试工具和方法来验证。

1. 准备测试环境

测试环境中的 ECS 配置根据作为测试对象的 Redis 版本不同而有所区别。下面以 128G 集群版和 64G 集群版的测试为例进行介绍。

1）云服务器实例配置

云服务器实例 ECS 的配置建议如下：

4 vCPU，8GB 内存的 ECS 10 台；

12 vCPU，48GB 内存的 ECS 4 台；

网络类型：VPC；

操作系统：CentOS 6.0，64 位。

2）Redis 实例配置

Redis 实例的规格根据测试对象决定。本章节中使用 Redis 2.8 版本的实例进行基准测试，4.0 版本测试结果与其相似。

2. 安装测试工具和执行

为验证云数据库 Redis 的性能，本书采用的是 memtier_benchmark 这款基准性能测试工具。

memtier-benchmark 可以根据需求生成多种结构的数据对数据库进行压力测试，帮助使用者了解目标数据库的性能极限。其部分功能特性如下。

● 支持 Redis 和 Memcached 数据库测试。

● 支持多线程、多客户端测试。

● 可设置测试中的读写比例（SET: GET Ratio）。

● 可自定义测试中键的结构。

● 支持设置随机过期时间。

1）前提条件

在使用 memtier-benchmark 之前，需要确认云服务器实例中 Linux 系统已安装以下库或工具：Git、libevent 2.0.10 或更高版本、libpcre 8.x、autoconf、automake、GNU make、GCC C++ Compiler。

如果云服务器中缺少以上组件，可以按照以下步骤进行安装：

```
[root@localhost ~]#yum install git    //执行命令，安装 Git
[root@localhost ~]#yum install -y autoconf automake make gcc-c++ git //安装编译工具
[root@localhost ~]#yum install -y pcre-devel zlib-devel libmemcached-devel openssl-devel libevent-devel  //安装部分需要的库
[root@localhost  ~]#export  PKG_CONFIG_PATH=/usr/local/lib/pkgconfig : ${PKG_CONFIG_PATH}  //设置 PKG_CONFIG_PATH 使 configure 能够发现前置步骤安装的库
```

2）下载安装 memtier-benchmark

```
[root@localhost ~]#git  clone  https : //github.com/RedisLabs/memtier_
benchmark.git  //使用 Git 将 memtier-benchmark 的源文件复制到本地目录
    [root@localhost ~]#cd memtier_benchmark  //执行命令，进入指定目录
    [root@localhost ~ memtier_benchmark/]# autoreconf -ivf && ./configure &&
make && make install  //编译和安装 memtier-benchmark
```

3）执行测试

测试命令示例及常用选项说明如下：

```
[root@localhost ~]#./memtier_benchmark -s r-XXXX.redis.rds.aliyuncs.com -
p 6379 -a XXX -c 20 -d 32 --threads=10 --ratio=1: 1 --test-time=1800 --select-
db=10
```

memtier-benchmark 的具体执行参数说明，如表 5-25 所示。

表 5-25　memtier-benchmark 参数说明

选项	说明
-s	Redis 数据库的连接地址
-a	Redis 数据库的密码
-c	测试中模拟连接的客户端数量
-d	测试使用的对象数据的大小
--threads	测试中使用的线程数
--ratio	测试命令的读写比率（SET:GET Ratio）
--test-time	测试时长（单位：秒）
--select-db	测试使用的 DB 数量

3. 查看测试结果

通过 memtier_benchmark 工具可以衡量 QPS 指标，所谓 QPS，全称为 Queries Per Second，即数据库每秒处理的请求数。

图 5-26 展示了阿里云云数据库 Redis 集群版-双副本部分规格的基准测试结果。

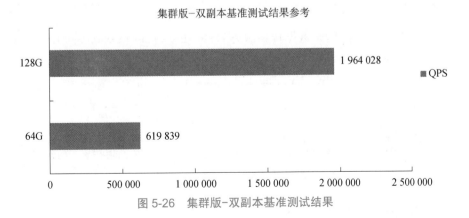

图 5-26　集群版-双副本基准测试结果

在线测试

本任务测试习题包括填空题、选择题和判断题。

技能训练

5.2.6　从自建 Redis 迁移至阿里云 Redis

以往企业或普通用户为保存自身业务发展的数据，需要在本地机房或租用服务器上自建各种数据库。如今，公有云云上数据库的蓬勃发展，免去了 IT 基础设施建设，这就给企业将传统数据搬迁到云上打下了基础。

通过本单元的技能训练，读者应该掌握将自建 Redis 上的数据，通过工具迁移到阿里云 Redis 中。

1. 前提条件

企业用户或个人用户在本地服务器完成搭建 Redis 数据库。需要注意的是，自建 Redis 数据库版本建议为 2.8、3.0、3.2、4.0、5.0、6.0 等，而且自建 Redis 数据库为单机架构。

2. 创建阿里云 Redis 本地盘实例

（1）登录 Redis 管理控制台。

（2）在页面右上角，单击"创建实例"。

（3）在跳转到的购买页面，选择商品类型，如图 5-27 所示。

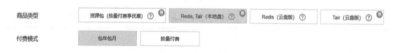

图 5-27　选择本地盘实例

（4）选择实例配置

（5）单击"立即购买"按钮，在确认订单页面，阅读并选中服务协议，根据提示完成支付流程。

3. 注意事项

在本技能训练中，采用的是数据传输服务 DTS（Data Transmission Service），DTS 支持全量数据迁移以及增量数据迁移，同时使用这两种迁移类型可以实现在自建应用不停服的情况下，平滑地完成自建 Redis 数据库的迁移上云。

4. 迁移类型说明

1）全量数据迁移

DTS 将自建 Redis 数据库迁移对象的存量数据，全部迁移到阿里云 Redis 实例中。在本技能训练中将演示如何迁移全量数据。

2）增量数据迁移

在全量数据迁移的基础上，DTS 将自建 Redis 数据库的增量更新数据迁移到阿里云

Redis 实例中。通过增量数据迁移可以实现在应用不停服的情况下，平滑地完成 Redis 数据库的迁移上云。

5. 操作步骤

（1）登录数据传输控制台。

（2）在左侧导航栏，单击"数据迁移"。

（3）在迁移任务列表页面顶部，选择迁移的目标实例所属地域，如图 5-28 所示。

图 5-28　选择目标实例所属地域

（4）单击页面右上角的"创建迁移任务"。

（5）配置迁移任务的源库及目标库信息，如图 5-29 所示。

图 5-29　配置源库/目标库信息

源库及目标库信息需要配置较多的参数，具体说明如表 5-30 所示。

表 5-30　源库及目标库信息说明

类别	配置	说明
无	任务名称	DTS 会自动生成一个任务名称，建议配置具有业务意义的名称（无唯一性要求），便于后续识别
源库信息	实例类型	根据源库的部署位置进行选择，本技能训练以有公网 IP 的自建数据库为例介绍配置流程

（续表）

类别	配置	说明
源库信息	实例地区	当实例类型选择为有公网 IP 的自建数据库时，实例地区无须设置
	数据库类型	选择 Redis
	实例模式	固定为单机版
	主机名或 IP 地址	填入自建 Redis 数据库的访问地址，本案例中填入公网地址
	端口	填入自建 Redis 数据库的服务端口，默认为 6379
	数据库密码	填入自建 Redis 的数据库密码
目标库信息	实例类型	选择 Redis 实例
	实例地区	选择目标 Redis 实例所属地域
	Redis 实例 ID	选择目标 Redis 实例 ID
	数据库密码	填入目标 Redis 实例的数据库密码

（6）配置完成后，单击页面右下角的"授权白名单并进入下一步"按钮。

此步骤会将 DTS 服务器的 IP 地址自动添加到目标 Redis 实例的白名单中，用于保障 DTS 服务器能够正常连接目标 Redis 实例。

（7）选择迁移对象及迁移类型，如图 5-31 所示，相关配置说明如表 5-31 所示。

图 5-31　选取迁移对象及类型

表 5-31　迁移对象及迁移类型配置说明

配置	说明
迁移类型	1. 如果只需进行全量迁移，则勾选"全量数据迁移"。 2. 如果需要进行不停机迁移，则要同时勾选"全量数据迁移"和"增量数据迁移"
迁移对象	在"迁移对象"框中单击待迁移的数据库，然后单击向右小箭头将其移动至"已选择对象"框
映射名称更改	如需更改迁移对象在目标实例中的名称，请使用对象名映射功能
源库、目标库无法连接后的重试时间	默认重试 12 小时，也可以自定义重试时间。如果 DTS 在设置的时间内重新连接上源、目标库，迁移任务将自动恢复。否则，迁移任务将失败

（8）上述配置完成后，单击页面右下角的"预检查并启动"按钮，等待预检查通过后，单击"下一步"按钮。

（9）在购买配置确认页面，选择链路规格并选中数据传输（按量付费）服务条款。

（10）单击"购买并启动"按钮，迁移任务正式开始。

因为使用的是全量数据迁移，在执行过程中请勿手动结束迁移任务，否则可能导致数据不完整。使用者只需等待迁移任务完成即可，迁移任务会自动结束。

（11）迁移完成后，将业务切换至 Redis 实例。

单元 6　云上安全防护

学习目标

安全是公有云架构的重中之重。随着云计算的日益普及，其面临的安全问题也越来越严峻。

在本单元的 6.1 节中，首先学习公有云下云防火墙的概念、原理和最佳实践，读者通过学习应该了解云防火墙基本产品功能，以及如何在公有云中使用云防火墙。

通过 6.2 节的学习，读者应该掌握 SSL 协议和证书的基本概念，了解 SSL 支持的加密算法等内容。

现如今云端 Web 应用越来越多，如何保证 Web 应用的安全？通过 6.3 节的学习，读者应该了解 WAF 的防护原理，并通过实际学习网站如何接入应用防火墙。

网络安全还包括 DDoS 攻击，读者通过学习应该了解 DDoS 攻击的基本形式以及公有云上 DDoS 防护产品的功能。

在 6.5 节中，简单讲述了公有云平台中云安全中心的概念和检测范围。

6.1　云防火墙

任务场景

云防火墙是云服务提供商推出的一种运用于云计算数据安全的技术之一。

小周是计算机科学与技术专业大学生，对计算机的原理并不陌生，以往在个人计算机上熟悉防火墙是如何运用和生效的，但是对公有云上的云防火墙还比较陌生，因此迫切需要学习云防火墙的知识。

在本任务中，小周需要了解云防火墙的基本概念，并掌握云防火墙的主要技术原理，不仅要懂云防火墙的概念，还要学会使用阿里云的云防火墙。

6.1.1　什么是云防火墙

现如今，云计算的安全问题越来越得到业界的关注，因为随着云计算及相关产业的不断落地，其拥有庞大的计算能力与丰富的计算资源，越来越多的恶意攻击者正在利用云计算服务实施恶意攻击。

什么是云防火墙

公有云云服务提供商应避免数据丢失，无论使用哪种云计算的服务模式（SaaS、PaaS、IaaS），数据安全都变得越来越重要，而云防火墙是云服务提供商推出的一种运用于云计算数据安全的技术之一。

云防火墙是一款基于公有云环境下的 SaaS 化防火墙，目前主要为用户提供互联网边界防护，并用于解决云上访问控制的统一管理与日志审计问题，具备传统防火墙功能的同时也支持云上多租户及弹性扩容，是用户业务上云的网络安全基础设施。

在传统局域网当中，很多人都在本地计算机上启用或关闭过防火墙，其实云防火墙的功能大致与计算机操作系统上的类似，以阿里云为例，它的云防火墙支持防护的范围为

（1）互联网方向：云服务器实例公网 IP、负载均衡浮动 IP、负载均衡公网 IP、HAVIP、EIP、ECS EIP、ENI EIP、NAT EIP。

（2）VPC 到 VPC 之间：已使用云企业网或高速通道实现两个 VPC 之间的互通。

（3）VPC 和本地数据中心（IDC）之间：已使用 VBR 实现 VPC 和 IDC 之间互通。

表 6-1 介绍了阿里云云防火墙的功能特性。

表 6-1　阿里云云防火墙的功能特性

应用场景	功能	描述
云上网络访问流量分析与攻击感知	概览	提供已开启和未开启的防御能力总览，并展示最近 7 天访问流量统计数据和已检测出的安全风险统计数据
访问控制	互联网边界防火墙	支持互联网通信协议为 IPv4 的入方向和出方向流量进行访问控制（南北向）；支持基于域名的访问控制，严格控制主动外联的出流量
	VPC 边界防火墙	支持互联网通信协议为 IPv6 的入方向和出方向流量进行访问控制；支持基于域名的访问控制，严格控制主动外联的出流量
	主机边界防火墙	支持 VPC 间流量访问控制
网络流量分析	主动外联活动	实时监控云资产主动外联的行为
	互联网访问活动	支持云上网络访问流量统计和分析
	VPC 访问活动	实时监控 VPC 专有网络之间的流量情况
	全量活动搜索	支持基于过滤条件对经过云防火墙的访问流量进行搜索
攻击防护	漏洞防护	实时检测可被攻击利用的漏洞，并提供针对此类漏洞的攻击防御能力
	失陷感知	由威胁检测引擎实时检测入侵活动及其详细信息
	入侵防御	展示了云防火墙对互联网出方向、入方向的流量和 VPC 间流量进行防护的详细信息
	防护配置	内置威胁检测引擎
日志分析	日志审计	提供日志审计和行为回溯功能
	日志分析	实时地自动采集并存储（存储时长可自定义 30~365 天）出、入方向的流量日志
常用网络流量检测工具	工具箱	1. 提供互联网边界防火墙和 VPC 边界防火墙的访问控制策略备份及回滚功能 2. 支持网络抓包功能 3. 支持安全组配置检查、等保合规检测

小 贴 士

> 互联网边界是指互联网与公有云云内网的边界，互联网边界流量指云上资产与互联网之间通信的流量，也称为南北向流量。
>
> 互联网边界防火墙是检测南北向流量的防火墙，是一种集群式防火墙。互联网边界防火墙生效于弹性公网 IP 的关联资产与外部互联网之间。

6.1.2 阿里云防火墙的技术原理

云防火墙的技术
原理及实现

阿里云云防火墙是业界首款云平台 SaaS 化的防火墙，可统一管理南北向和东西向的流量，全面保护使用者的网络安全。阿里云云防火墙操作简便、即开即用，支持精准访问控制和全网流量可视化。

云防火墙主要由以下两个控制模块组成。

1. 南北向流量控制模块

主要用于实现互联网到主机间的访问控制，支持 4～7 层访问控制。内-外流量和外-内流量一般为面向互联网的流量，也就是俗称的南北向流量。

2. 东西向流量控制模块

主要利用安全组对主机之间的交互流量进行控制，实现 4 层访问控制。内-内流量也即俗称的东西向流量。

6.1.3 快速入门使用云防火墙

为帮助读者更清晰地了解云防火墙的功能和作用，本章节详细介绍使用阿里云云防火墙的主要操作流程。

1. 开启云防火墙

在阿里云中，一旦防火墙开启后，如果使用者未配置任何访问控制策略或威胁引擎未开启拦截模式，此时的业务流量将只经过云防火墙，云防火墙不会对业务流量进行拦截，因此不会对业务产生任何影响。使用者可以在防火墙开关页面开启防火墙，无须进行复杂的网络配置，开启后即可使用，具体步骤如下：

（1）登录云防火墙控制台。

（2）在左侧导航栏，选择"防火墙开关"→"防火墙开关"。

（3）在防火墙开关页面，开启防火墙开关。

2. 开启攻击防护

云防火墙内置了威胁检测引擎（IPS）实现入侵防御的功能，可实时拦截入侵行为，具体步骤为：

（1）登录云防火墙控制台。

（2）在左侧导航栏，选择"攻击防护"→"防护配置"。

（3）对威胁引擎运行模式进行以下配置。

拦截模式：开启拦截模式后，可对恶意流量进行拦截，阻断入侵活动。可以针对防护需求，选择不同严格程度的拦截模式。

拦截模式-宽松：防护粒度较粗，主要覆盖低误报规则，适合对误报要求高的场景。

拦截模式-中等：防护粒度较宽松和精准，介于宽松和严格之间，适合日常运维的常规规则场景。

拦截模式-严格：防护粒度最精细，主要覆盖基本全量规则，相比中等规则组可能误报更高，适合对安全防护漏报要求高（例如，重保、护网）的场景。

开启威胁情报，实时接收全网威胁情报。

在基础防御模块，单击"自定义选择"，打开内置的基础入侵防御规则（包括爆破拦截、命令执行漏洞拦截等）并设置对应的动作。

在虚拟补丁模块，选择开启补丁，免安装更新热门高危漏洞补丁。

3. 查看网络流量分析

通过网络流量分析，使用者可以实时查看主机上发生的威胁事件、网络活动、流量趋势、入侵防御阻断访问和主机主动外联活动等。

1）主动外联活动

主动外联活动页面主要展示 ECS（包括 SNAT IP）主动对外请求流量大小、IP 地址、端口、域名等信息，帮助使用者及时发现可疑主机。

使用者可根据主动外联活动的数据配置访问控制策略。

（1）登录云防火墙控制台。

（2）在左侧导航栏，选择"网络流量分析"→"主动外联活动"。

（3）在主动外联活动页面，查看资产最近 1 小时、最近 24 小时、最近 7 日内或自定义时间范围内的主动外联活动情况。

2）互联网访问活动

互联网访问活动页面为使用者展示 ECS 对外提供的服务情况和来自互联网对服务访问情况的分析，帮助使用者区分正常访问流量和扫描。可以根据互联网活动页面提供的数据和信息对内对外访问控制策略进行配置。

（1）登录云防火墙控制台。

（2）在左侧导航栏，选择"网络流量分析"→"互联网访问活动"。

（3）在互联网访问活动页面，可以查看资产的开放公网 IP、开放端口、开放应用等详细信息，并进行相关设置。

3）VPC 访问活动

VPC 访问活动页面为使用者实时展示 VPC 专有网络之间的流量信息，帮助使用者及时发现和排查异常流量，从而更快地发现和检测出攻击。

（1）登录云防火墙控制台。

（2）在左侧导航栏，选择"网络流量分析"→"VPC 访问活动"。

（3）在 VPC 访问活动页面，可以查看 VPC 间流量访问、VPC 间会话 TOP 排行、流量访问的开放端口和资产等信息。

4）全量活动搜索

全量活动搜索为使用者实时展示外部请求 IP 或资产 IP 的流量情况。

（1）登录云防火墙控制台。

（2）在左侧导航栏，选择"网络流量分析"→"全量活动搜索"。

（3）在全量活动搜索页面，用火狐浏览器可以进行查看流量访问信息等操作。

例如，查看 15 分钟、1 小时、4 小时、1 天、1 周或自定义时间范围内的全部威胁活动情况和趋势图。

4. 配置访问控制策略

云防火墙支持对内网访问外网的流量、内网之间互访的流量和外网访问内网的流量进行精准的访问控制，降低资产被入侵的风险。

（1）登录云防火墙控制台。在左侧导航栏，单击"访问控制"。

（2）在访问控制页面，创建互联网边界防火墙、主机边界防火墙或 VPC 边界防火墙。

注意：用户可以将一组 IP 设置成一个地址簿，方便在配置访问控制规则时简化规则配置。如果需要对内网访问互联网的流量进行管控，单击"互联网边界防火墙"页签，创建"内对外"策略，如图 6-2 所示。

图 6-2　创建内对外策略

如果需要对互联网访问内网的流量进行管控，单击"互联网边界防火墙"页签，创建"外对内"策略，如图 6-3 所示。

云防火墙 / 访问控制

访问控制

| 互联网边界防火墙 | 主机边界防火墙 | VPC边界防火墙 |

ⓘ 您当前有24个公网IP未开启互联网边界防火墙，存在被入侵风险，请尽快开启。   前往开启

内对外 外对内

AI 智能策略 - 一键覆盖全公网IP的访问策略

基于AI智能，实时分析业务流量，自动发现适应真实环境的防火墙策略，避免不当的人工配置导致业务中断的风了解详情 🔗

待下发智能策略	公网IP	策略覆盖率	未覆盖公网IP
0	26	19 %	21

→ 查看推荐策略   7日内不再提示

| IPV4 | IPV6 | 全部协议 ∨ | 全部动作 ∨ | 全部启用状态 ∨ | 访问源 ∨ |

创建策略   智能策略

图 6-3   创建外对内策略

6.1.4   云防火墙数据库防御最佳实践

数据库是企业管理和存储数据资源的系统，数据库中存放大量有价值和敏感的信息，所以数据库也是黑客攻击的主要目标。数据库的安全对业务的正常运行和企业的发展有着重要的影响。当前，数据库面临的主要安全威胁有以下几个。

云数据安全防护
体系建设实践

（1）暴力破解，可直接导致数据库被入侵。

（2）数据库应用漏洞，如数据库 CVE 漏洞，可导致数据库应用遭受 DoS 攻击、恶意命令执行、信息泄露等。

（3）恶意文件读写、命令执行。如高风险存储过程或函数调用，可导致恶意命令执行、文件读写等。

（4）信息窃取、拖库。攻击者对窃取的数据进行转售或用于诈骗，造成商业损失。

阿里云安全团队在数据库攻防实战中进行了长期的跟踪和研究，提供了完善、可靠的阿里云云防火墙解决方案，有效提升了云防火墙对数据库安全的防御能力。云防火墙对数据库面临的风险提供多点防御，保障数据库的正常运行。

具体步骤如下：

（1）登录云防火墙控制台。在左侧导航栏，选择"攻击防护"→"防护配置"。

（2）在防护配置页面，定位到"威胁引擎运行模式"区域，选中"拦截模式-宽松"，如图 6-4 所示。

威胁引擎运行模式

观察	拦截
○ 观察模式	● 拦截模式-宽松 ⓘ ○ 拦截模式-中等 ⓘ ○ 拦截模式-严格 ⓘ
针对攻击行为仅记录及告警，不拦截	自动拦截攻击行为

图 6-4   配置拦截模式

（3）在"威胁情报"区域，打开"威胁情报"开关，如图 6-5 所示。

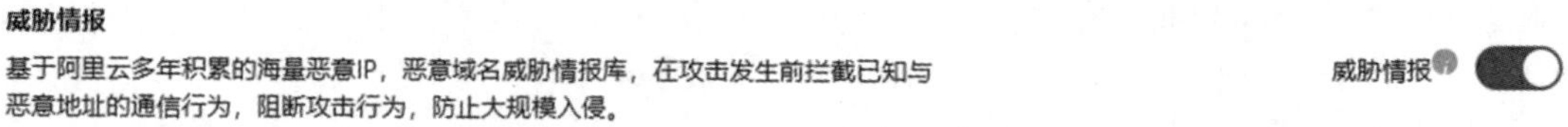

威胁情报

基于阿里云多年积累的海量恶意IP，恶意域名威胁情报库，在攻击发生前拦截已知与恶意地址的通信行为，阻断攻击行为，防止大规模入侵。

威胁情报 ⓘ

图 6-5   打开威胁情报开关

（4）在"基础防御"区域，打开"基础规则"开关，如图 6-6 所示。

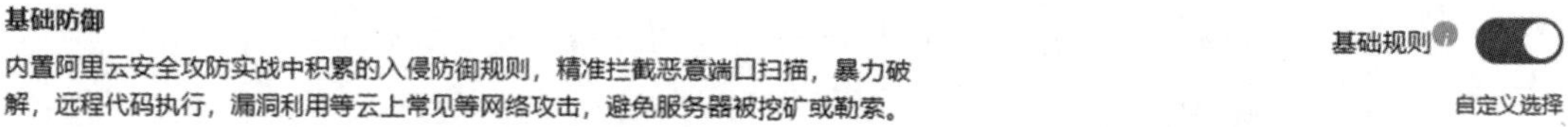

基础防御

内置阿里云安全攻防实战中积累的入侵防御规则，精准拦截恶意端口扫描，暴力破解，远程代码执行，漏洞利用等云上常见等网络攻击，避免服务器被挖矿或勒索。

基础规则 ⓘ
自定义选择

图 6-6   打开基础规则开关

（5）在"虚拟补丁"区域，打开"开启补丁"开关，如图 6-7 所示。

虚拟补丁

针对可被远程利用的高危漏洞，应急漏洞，在网络层提供热补丁，实时拦截漏洞攻击行为，避免修复主机漏洞时对业务产生的中断影响。

开启补丁 ⓘ
自定义选择

图 6-7   打开开启补丁开关

6.2   SSL 证书服务

任务描述

　　小周在日常上网时发现很多网站都采用 HTTPS 方式进行浏览，他通过查询资料了解到网站为什么要使用 HTTPS，第一它可以加密传输网络数据，第二它可以防止网站被劫持，第三它可以提升网站安全性，规避钓鱼事件发生。但如何实现网站的 HTTPS 化呢？

　　小周带着问题向导师请教，导师告诉他，在 Web 网站等应用中，一般利用 SSL 证书服务，以较低的成本将数据传输协议从 HTTP 转换成 HTTPS，实现网站或移动应用的身份验证和数据加密传输。

在本任务中，小周需要通过学习掌握以下知识：

1. 学习并了解 SSL 协议及证书的基础知识
2. 掌握 SSL 技术在公有云中的应用方式
3. 掌握 SSL 证书私钥的保护原理
4. 了解 SSL 加密算法，以及公钥、私钥和证书的关系

6.2.1　SSL 协议及证书

安全套接层 SSL（Secure Sockets Layer）协议是一种可实现网络通信加密的安全协议，可在浏览器和网站之间建立加密通道，保障数据在传输的过程中不被篡改或窃取。

SSL 证书采用 SSL 协议进行通信，是由权威机构颁发给网站的可信凭证，具有网站身份验证和加密传输双重功能。

SSL 证书指定了在应用程序协议（例如，HTTP、Telnet、FTP）和 TCP/IP 之间提供数据安全性分层的机制。它是在传输通信协议（TCP/IP）上实现的一种安全协议，采用公开密钥技术为 TCP/IP 连接提供数据加密、服务器认证、消息完整性以及可选的客户机认证。

SSL 证书采用公钥体制，即利用一对互相匹配的密钥对数据进行加密和解密。每个用户自己设定一把特定的、仅为本人所知的私有密钥（私钥），并用它进行解密和签名；同时设定一把公共密钥（公钥）并由本人公开，为一组用户所共享，用于加密和验证签名。

SSL 证书部署到 Web 服务器后，通过 Web 服务器访问网站时将启用 HTTPS 协议。网站将会通过 HTTPS 加密协议来传输数据，可帮助 Web 服务器和网站间建立可信的加密链接，从而保证网络数据传输的安全。

6.2.2　公有云安全技术之 SSL 证书服务

公有云安全技术之
SSL 证书服务

SSL 证书管理或服务，是一个 SSL（Secure Sockets Layer）证书管理平台，它一般联合全球第三方知名数字证书服务机构为用户提供购买 SSL 证书的功能，用户也可以将本地的外部 SSL 证书上传到平台，实现用户对内部和外部 SSL 证书的统一管理。

阿里云平台直接提供数字证书申请和部署服务。SSL 证书服务帮助企业用户以最低的成本将服务从 HTTP 转换成 HTTPS，实现网站或移动应用的身份验证和数据加密传输。

通过上面的描述可以知道 SSL 证书服务可以将 HTTP 转换成 HTTPS，这就引申出一个问题，为什么网站需要 HTTPS？一般具有以下几种原因。

（1）防劫持、防篡改、防监听：使用 SSL 证书实现网站的 HTTPS 化，可以对网站用户与网站间的交互访问全链路数据进行加密，从而实现传输数据的防劫持、防篡改、防监听。

（2）提升网站的搜索排名：使用 SSL 证书实现网站的 HTTPS 化后，网站在搜索引擎显示结果中的排名将会更高，有利于提升网站的搜索排名和站点的可信度。

（3）提升网站的访问流量：使用 SSL 证书实现网站的 HTTPS 化，可以强化网站在用户侧的身份可信程度，使网站用户能更安心地访问网站，提升网站的访问流量。

通过阿里云 SSL 证书服务购买 SSL 证书，并向 CA 中心提交证书申请，直到证书成功签发；之后，将已签发的证书安装到 Web 服务器，则 Web 服务将会通过 HTTPS 加密协议来传输数据。而 SSL 证书对比传统的加密方式，具有较多优势，SSL 的应用场景如下所述。

1. SSL 证书服务优势

SSL 证书服务优势，如表 6-2 所示。

表 6-2　SSL 证书的优势

优势	详细说明
简单快捷	只需要申请一张证书，部署在服务器上，就可以在有效期内不用做其他操作
显示直观	部署 SSL 证书后，通过 HTTPS 访问网站，能在地址栏或地址栏右侧直接看到加密锁标志，直观地表明网站是加密的。使用 EV 证书，还能直接在地址栏看到公司名称
身份认证	这是别的加密方式都不具备的，能在证书信息里面看到网站所有者的公司信息，进而确认网站的有效性和真实性，不会被钓鱼网站欺骗
快速签发	一键申请快捷高效。支持在一个平台下购买签发多个不同品牌的 SSL 数字证书

2. 适用场景

一般来说，SSL 证书服务适用于网站服务和云产品的 HTTPS 化。企业或个人用户可以通过各家公有云服务提供商的 SSL 证书服务获取 SSL 证书，将证书部署到网站、企业应用或其他服务中。部署后，可以将服务使用的 HTTP 协议替换成 HTTPS 协议。

这种 SSL 证书具体应用在以下几方面。

1）网站数据加密

HTTP 协议无法加密数据，导致网站数据可能产生泄露、篡改或钓鱼攻击等问题。安装 SSL 证书后，网站使用 HTTPS 协议对网站数据的传输进行加密，包括网站中的企业应用数据、政务信息、支付环节的数据都能实现加密传输，有效保护敏感数据的传输。

2）提升网站的安全性

如果网站没有安装 SSL 证书，网站地址以 HTTP 开头，浏览器会将此类网站标记为不安全的网站。如果网站已安装 SSL 证书，则浏览器会将该网站标记为安全网站，让用户可以放心访问网站。

3）支付体系安全加密

支付环节是用户最敏感也最容易受到安全威胁的部分，极易成为不法用户信息劫持和伪装欺诈的重要目标。因此，实现网站支付环节的 HTTPS 信息传输加密，已经成为各大网站的标配。

6.2.3　SSL 证书服务支持的加密算法

SSL 证书服务一般支持 RSA、ECC 和 SM2 三种加密算法。本章节介绍不同证书品牌支持的加密算法。

以阿里云 SSL 证书服务为例，它所支持的加密算法包括 RSA、ECC、SM2。

（1）RSA：目前应用广泛的非对称加密算法，兼容性好。

（2）ECC：椭圆曲线公钥密码算法。相比于 RSA，ECC 是一种更先进和安全的加密算法（加密速度快、效率更高、服务器资源消耗低），目前已在主流浏览器中得到推广。

（3）SM2：国家密码管理局发布的 ECC 椭圆曲线公钥密码算法，在中国商用密码体系中用来替代 RSA 算法。

表 6-3 展示了阿里云 SSL 证书服务支持的 SSL 证书品牌及不同品牌支持的加密算法类型。其中，√表示支持该类型算法，×表示不支持该类型算法。

表 6-3 SSL 证书品牌

证书品牌	证书类型	RSA	ECC	SM2
DigiCert	DV	√	×	×
	OV	√	√	×
	EV	√	×	×
GeoTrust	DV	√	×	×
	OV	√	√	×
	EV	√	×	×
GlobalSign	DV	√	×	×
	OV	√	√	×
CFCA（国产）	OV	√	√	√
	EV	√	×	×
vTrus（国产）	OV	√	×	√
	EV	√	×	×
WoSign（国产）	DV	√	×	√

6.2.4 公钥、私钥和证书的关系

公钥（Public Key）与私钥（Private Key）是通过加密算法得到的一个密钥对（即一个公钥和一个私钥，也就是非对称加密方式）。公钥可对会话进行加密、验证数字签名，只有使用对应的私钥才能解密会话数据，从而保证数据传输的安全性。公钥是密钥对外公开的部分，私钥则是非公开的部分，由用户自行保管。

公钥是与私钥算法一起使用的密钥对的非秘密一半。公钥通常用于加密会话密钥、验证数字签名，或加密可以用相应的私钥解密的数据。公钥和私钥是通过一种算法得到的一个密钥对（即一个公钥和一个私钥），其中的一个向外界公开，称为公钥；另一个自己保留，称为私钥。通过这种算法得到的密钥对能保证在世界范围内是唯一的。使用这个密钥对的时候，如果用其中一个密钥加密一段数据，必须用另一个密钥解密。如用公钥加密数据就必须用私钥解密，如果用私钥加密也必须用公钥解密，否则解密将不会成功。

公钥是公开的，不需要保密，而私钥则由证书持有人自己持有，并且必须妥善保管和注意保密。数字证书则是由证书认证机构（CA）对证书申请者真实身份验证之后，用 CA 的根证书对申请人的一些基本信息以及申请人的公钥进行签名（相当于加盖发证书机构的公章）后形成的一个数字文件。

数字证书就是经过 CA 认证过的公钥，因此数字证书和公钥一样是公开的。简单来说，数字证书就是经过 CA 认证过的公钥，而私钥一般情况都是由证书持有者在自己本地生成或委托授信的第三方生成的，由证书持有者自己负责保管或委托授信的第三方保管。

6.2.5 SSL 证书私钥保护原理

SSL 证书采用公钥体制，即利用一对互相匹配的密钥对进行数据加密和解密。每个用户自己设定一把特定的、仅为本人所知的私有密钥（私钥），并用它进行解密和签名；同时设定一把公共密钥（公钥）并由本人公开，为一组用户所共享，用于加密和验证签名。

SSL 证书私钥保护原理

由于密钥仅为本人所有，可以产生其他人无法生成的加密文件，也就是形成了数字签名。

SSL 证书是一个经证书授权中心（CA）数字签名的、包含公开密钥拥有者信息以及公开密钥的文件。最简单的证书包含一个公开密钥、名称以及证书授权中心的数字签名。数字证书还有一个重要的特征就是只在特定的时间段内有效。

以阿里云为例，阿里云的 SSL 证书服务采用密钥管理系统对私钥进行加密存储，以保证证书私钥的安全。无论是用户自行上传的证书及私钥，还是申请证书时使用系统创建 CSR 时生成的私钥，阿里云证书服务都会采用经过权威机构认证的密钥管理系统进行加密存储。

阿里云证书服务采用多种规格的非对称加密方式保存证书私钥，私钥明文内容永远不会在磁盘中保存，仅在需要的时候出现在应用内存中。例如，用户下载证书时，证书服务会对私钥密文解密并以明文的形式展示在用户的服务器的内存中，并通过浏览器的 HTTPS 下载到本地计算机，如图 6-8 所示。

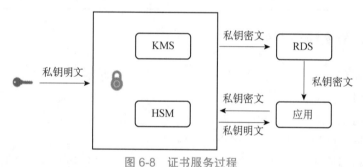

图 6-8　证书服务过程

6.3　DDoS 防护

任务描述

如何防范 DDoS 攻击

在一次技术交流会议上，导师向小周介绍了常见黑客攻击方式，其中一种叫 DDoS 攻击，将多台计算机联合起来作为攻击平台，通过远程连接利用恶意程序对一个或多个目标发起 DDoS 攻击，消耗目标服务器性能或网络带宽，从而造成服务器无法正常地提供服务。

网络黑客对公有云业务的破坏，小周之前接触极少，因此导师对他提出新的要求，即掌握包括 DDoS 攻击防护在内的黑客攻击的理论知识。在本任务中，小周需要学习并掌握网络中 DDoS 的常规攻击形式，之后再通过阿里云的产品了解 DDoS 防护在公有云中是如何实现的。

6.3.1　DDoS 攻击形式

DDoS（Distributed Denial of Service，DDoS）攻击一般指分布式拒绝服务攻击。分布式拒绝服务攻击可以使很多的计算机在同一时间遭受到攻击，使攻击的目标无法正常使用，分布式拒绝服务攻击已经出现了很多次，导致很多的大型网站都出现了无法进行操作的情况，这样不仅仅会影响用户的正常使用，同时造成的经济损失也是巨大的。

DDoS 的攻击原理：攻击者使用一个非法账号将 DDoS 主控程序安装在一台计算机上，并在网络上的多台计算机上安装代理程序。在所设定的时间内，主控程序与大量代理程序进行通信，代理程序收到指令时对目标发动攻击，主控程序甚至能在几秒内激活成百上千次代理程序的运行。

常见的 DDoS 攻击类型如表 6-4 所示。

表 6-4　DDoS 攻击类型

攻击类型	说明	举例
网络层攻击	通过大流量拥塞被攻击者的网络带宽，导致被攻击者的业务无法正常响应客户访问	NTP Flood 攻击
传输层攻击	通过占用服务器的连接池资源，达到拒绝服务的目的	SYN Flood 攻击、ACK Flood 攻击、ICMP Flood 攻击
会话层攻击	通过占用服务器的 SSL 会话资源，达到拒绝服务的目的	SSL 连接攻击
应用层攻击	通过占用服务器的应用处理资源，极大消耗服务器处理性能，达到拒绝服务的目的	HTTP Get Flood 攻击、HTTP Post Flood 攻击

6.3.2　DDoS 防护产品优势及应用场景

针对 DDoS 攻击，公有云服务提供商都不遗余力地开发对应的防护产品，截至目前，国内如阿里云、华为云等厂商都纷纷针对 DDoS 攻击的防护，提供多种安全解决方案，企业用户可以根据实际业务场景和安全需求选择最合适的方案。

DDoS 攻击现状和典型案例分析

阿里云提供的 DDoS 防护解决方案包括免费的 DDoS 原生防护基础版服务和以下的收费服务：DDoS 原生防护企业版、DDoS 高防（新 BGP&国际）、游戏盾。表 6-5 描述了不同方案的具体说明。

表 6-5　DDoS 防护解决方案

名称	简介	应用场景	DDoS 攻击防御能力
DDoS 原生防护基础版	阿里云提供的基础服务，根据用户所购买的阿里云产品公网 IP 免费提供最大 5Gbps 的 DDoS 防护能力	购买阿里云产品即可获得基础的 DDoS 防护能力，仅可满足较低的安全需求，对于有最大安全防护需求的用户建议额外开通其他的安全方案	支持防御不超过 5Gbps 的 DDoS 攻击
DDoS 原生防护企业版	通过简单的配置，将 DDoS 原生防护企业版提供的安全能力直接加载到云产品上，提升其安全防护能力	1. 在线视频、直播答题等对业务流畅要求比较高（低延迟）的 DDoS 攻击防护 2. 业务中存在大量端口、域名、IP 的 DDoS 攻击防护	支持全力防护

公有云服务架构与运维

(续表)

名称	简介	应用场景	DDoS 攻击防御能力
DDoS 高防	通过配置 DDoS 高防，将业务请求流量牵引至 DDoS 高防清洗，攻击流量被过滤，仅正常流量被转发到源站，确保源站服务器稳定可靠	1. 金融、电商、门户类网站的 DDoS 攻击防护 2. 政府互联网出口、门户与开放平台的 DDoS 攻击防护	DDoS 高防（新 BGP）支持弹性防护； DDoS 高防（国际）支持高级防护
游戏盾	相比于 DDoS 高防，除有效防御大型 DDoS 攻击（T 级别）外，游戏盾还具备彻底解决游戏行业特有的 TCP 协议的 CC 攻击问题的能力	1. 游戏行业遭受大流量带宽压制场景的安全防护 2. 游戏行业遭受海量傀儡机长时间机器人攻击场景的安全防护	支持防御 Tbps 级别的 DDoS 攻击

6.4　Web 应用防火墙

Web 应用防火墙
的基本概念

任务描述

　　防火墙既可以保护云服务器实例，也可以对各行业、各类网站的 Web 应用进行安全防护，这类防火墙称为 Web 应用防火墙。

　　对于学习者来说，云上 Web 应用防火墙适用范围广，具有部署简易、防护及时精确、大数据驱动、高可靠等优势。在未来网络安全越发重要的趋势下，小周觉得掌握 Web 应用防火墙的概念和防护原理是十分有必要的。

6.4.1　什么是 Web 应用防火墙

　　Web 应用防火墙（Web Application Firewall，WAF），通过对 HTTP（S）请求进行检测，识别并阻断 SQL 注入、跨站脚本攻击、网页木马上传、命令/代码注入、文件包含、敏感文件访问、第三方应用漏洞攻击、CC 攻击、恶意爬虫扫描、跨站请求伪造等，保护 Web 服务安全稳定。

　　通过 Web 应用防火墙，可以帮助企业用户轻松应对各种 Web 安全风险，其主要功能包括：

　　（1）提供 Web 应用攻击防护。

　　（2）缓解恶意 CC 攻击，过滤恶意的 Bot 流量，保障服务器性能正常。

　　（3）提供业务风控方案，解决业务接口被恶意滥刷等业务安全风险。

　　（4）提供网站一键 HTTPS 和 HTTP 回源，降低源站负载压力。

　　（5）支持对 HTTP 和 HTTPS 流量进行精准的访问控制。

　　（6）支持超长时长的全量日志实时存储、分析和自定义报表服务，支持日志线上同步第三方平台，助力满足等保合规要求。

6.4.2　Web 应用防火墙的防护原理

　　当企业用户购买 WAF 后，可以添加网站并接入 WAF。网站成功接入 WAF 后，网站所有访问请求将先流转到 WAF，WAF 检测过滤恶意攻击流量后，将正常流量返回给源站，从而确保源站安全、稳定、可用，如图 6-9 所示。

图 6-9　网站接入 WAF 防护原理

流量经 WAF 返回源站的过程称为回源。WAF 通过回源 IP 代替客户端发送请求到源站服务器，在源站服务器看来，接入 WAF 后所有源 IP 都会变成 WAF 的回源 IP，进而隐藏源站，如图 6-10 所示。

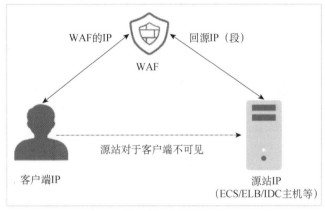

图 6-10　回源 IP

6.4.3　网站接入 Web 应用防火墙

本章节将通过阿里云的实例描述如何快速部署和使用阿里云 Web 应用防火墙 WAF。在部署和使用前，需要先购买 WAF 实例，然后完成网站接入和网站防护配置，即可为网站开启 WAF 防护。开启网站防护后，可以通过 WAF 安全报表查看攻击防护记录和访问统计信息，掌握业务的安全状况。

如何使用 Web
应用防火墙

步骤一：购买 WAF 实例

（1）登录 Web 应用防火墙控制台。在欢迎使用 Web 应用防火墙页面，单击"购买包年包月"按钮或者"开通按量付费"按钮，前往产品购买页面，如图 6-11 所示。

图 6-11　购买 WAF 实例

（2）在“Web 应用防火墙（包月）”或者“Web 应用防火墙（按量计费）”页面，选择需要开通的产品版本和规格，并完成购买。

（3）完成购买后，返回 Web 应用防火墙控制台。

步骤二：网站接入

网站接入指将需要防护的网站域名接入 WAF 实例，并修改网站域名的 DNS 解析到 WAF，使访问网站的流量经过 WAF，并受到 WAF 的防护。

1）添加网站

（1）在网站接入页面，单击“网站接入”。

（2）选择“接入模式”为“Cname 接入”，并单击“手动接入”。

（3）根据配置向导手动添加网站域名信息，如图 6-12 所示。

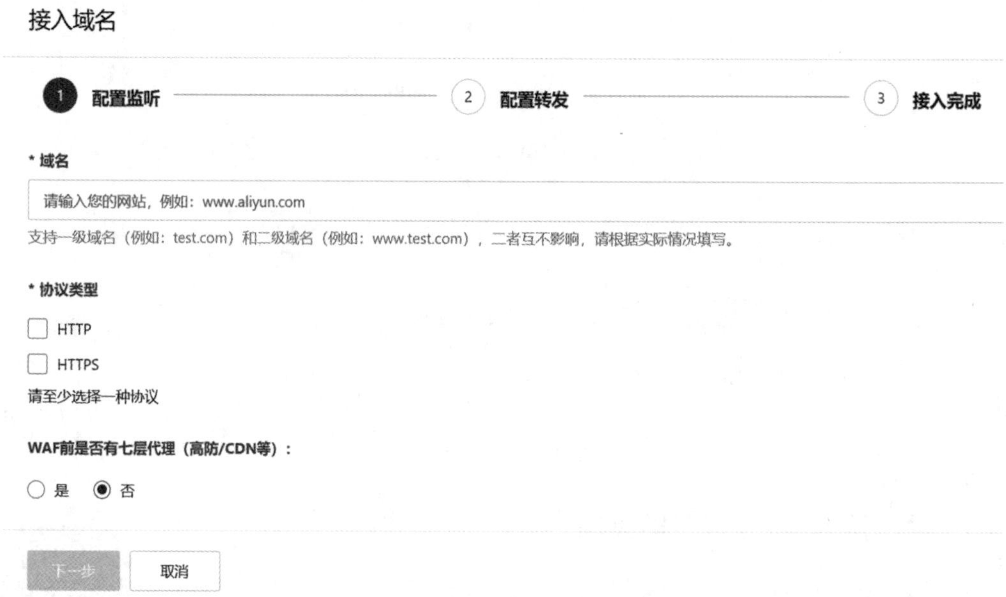

接入域名
1 配置监听
2 配置转发
3 接入完成
* 域名
请输入您的网站，例如：www.aliyun.com
支持一级域名（例如：test.com）和二级域名（例如：www.test.com），二者互不影响，请根据实际情况填写。
* 协议类型
HTTP
HTTPS
请至少选择一种协议
WAF前是否有七层代理（高防/CDN等）：
是
否
下一步
取消

图 6-12　手动添加网站域名

成功添加网站后，可以在“网站接入”页面查看网站域名对应的 WAF CNAME 地址，如图 6-13 所示。

域名
接入模式
源站信息
域名：
CName:
yundunwaf1.com

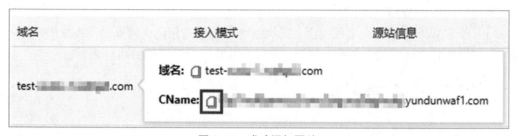

图 6-13　成功添加网站

2）修改网站域名的 DNS 解析，将网站域名解析到对应的 WAF CNAME 地址

网站未使用 WAF 以外的代理服务（例如，DDoS 高防、CDN）：前往域名 DNS 解析服务商的管理系统，添加一条 CNAME 记录，并使用 WAF 提供的 CNAME 地址作为 CNAME

记录值，如图 6-14 所示。

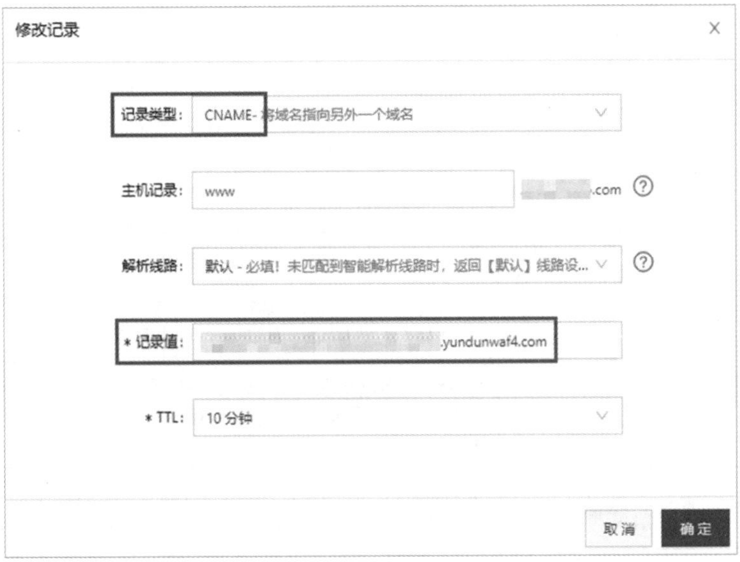

图 6-14 使用 WAF 提供的 CNAME 地址作为 CNAME 记录值

步骤三：配置网站防护策略

完成接入流程后，网站访问流量将经过 WAF 保护。WAF 包含多种防护检测模块，帮助网站应对不同类型的安全威胁，其中规则防护引擎和 CC 安全防护模块默认开启，分别用于防御常见的 Web 应用攻击（例如，SQL 注入、XSS 跨站、Webshell 上传等）和 CC 攻击，其他防护模块需要用户手动开启并配置具体防护规则。

步骤四：查看安全报表

完成上述网站接入步骤后，可以在"安全报表"页面获取已接入防护的网站的防护记录和访问统计信息，如图 6-15 所示。

图 6-15 查看安全报表

6.4.4　网站访问异常的排查方法

如果已经接入 Web 应用防火墙进行防护的网站出现访问异常问题，那么该如何排查和修复问题？

在排查问题中可能需要借助第三方工具来帮助用户进行问题的排查，常用的工具如表 6-6 所示。

表 6-6　网站异常排查工具

工具	作用
Chrome 浏览器-开发者工具	Chrome 浏览器自带开发者工具，可以用来查看页面元素的加载情况。按 F12 键打开工具，切换至 Network 标签
ping	Windows 和 Linux 操作系统自带的网络测试工具，可以用来分析和判定网络故障。Windows 系统按 Win+R 键，输入 cmd 打开工具，用法：ping 域名或 IP
traceroute（Linux）、tracert（Windows）	链路追踪工具，可以检测在哪一跳发生丢包现象。Windows 系统按 Ctrl+R 键，输入 cmd 打开工具，用法：tracert-d 域名或 IP
nslookup	用于检测域名解析的工具，可以检查域名解析是否生效。Windows 系统按 Ctrl+R 键，输入 cmd 打开工具，用法：nslookup 域名

部署在云端的网站服务，在接入 Web 应用防火墙后，如果出现访问异常，一般的排查流程包括

（1）检查是否为源站问题：通过旁路 Web 应用防火墙，判断访问异常是否为源站服务器的响应问题。

（2）检查是否为 WAF 误拦截：通过手动关闭防护模块，判断访问异常是否为 WAF 误拦截问题。

（3）排查常见访问错误：对照常见访问异常错误，分析和排查问题。

具体内容介绍如下。

1. 检查是否为源站问题

可以参照以下步骤旁路 Web 应用防火墙，判断源站服务器响应是否有问题：

（1）禁用源站上的安全组、黑白名单、防火墙、安全狗、云锁等应用，防止 WAF 回源 IP 被拉入黑名单。

（2）修改本地计算机的 hosts 文件，将问题域名的解析指向对应的 ECS 实例、SLB 实例、服务器公网 IP（即在 WAF 上填写的源站 IP 地址）。

（3）通过本地计算机的浏览器访问问题域名，查看访问请求不经过 Web 应用防火墙时，是否能复现问题。如果问题复现，则说明该异常可能是源站服务器的响应异常，建议及时检查源站服务器的工作状态（例如，进程、CPU、内存、Web 日志等）是否有异常并修复异常。如果问题没有复现，则说明该异常不是源站服务器的响应异常。

2. 检查是否为 WAF 误拦截

可以参照以下步骤关闭 WAF 的拦截功能，判断是否是 WAF 误拦截。

（1）为域名关闭正则防护引擎，查看问题是否仍然存在。

如果问题消失，则建议将正则防护引擎的防护规则组设置为宽松规则组（默认为中等规则组），或者通过日志服务分析有问题的 URL，并添加一条自定义防护策略，放行访问该 URL 的请求。

（2）如果关闭正则防护引擎后问题仍然存在，则可以为域名关闭 CC 安全防护，查看问题是否仍然存在。

如果问题消失，则建议将 CC 安全防护的模式设置为防护（如果本来就是防护模式，请忽略），或者通过日志服务分析有问题的 URL，并添加一条自定义防护策略，放行访问该 URL 的请求。

3. 排查常见访问错误

如果发现不经过 Web 应用防火墙问题会消失，而接入 Web 应用防火墙后，问题稳定复现，则可以按照表 6-7 所示方式进行排查。

表 6-7　常见访问错误解决方案

问题	原因	解决方案
405 访问阻断	请求被自定义防护策略或者正则防护引擎阻断	1. 为域名关闭自定义防护策略，查看是否还有 405 页面。如果不再出现，说明配置的自定义防护规则误拦截了请求，则需要找到对应规则并将其删除 2. 如果关闭自定义防护策略开关后问题仍然存在，则可以为域名关闭正则防护引擎，查看问题是否仍然存在
302 连接重置	IP 访问触发了 CC 防御规则	为域名关闭 CC 安全防护，查看问题是否仍然存在。如果关闭防护后访问恢复正常，则说明这是 CC 防护规则误拦截导致的，建议将 CC 安全防护的模式设置为防护
HTTPS 访问异常	Web 应用防火墙需要浏览器支持 SNI，而客户端的浏览器可能不支持 SNI	一般苹果系统默认支持 SNI，而 Windows、Android 系统需要做 SNI 兼容
502 访问白屏	当源站（指 ECS、SLB 或服务器）出现丢包或者不可达时，Web 应用防火墙会返回白屏	1. 检查源站是否有黑名单、iptables、防火墙等安全软件或策略。如果有，则停用或卸载相关服务并清空黑名单，查看问题是否消失 2. 绕过 WAF 测试访问，检查是否正常。如果仍然无法正常访问，则可检查源站的进程、CPU、内存、Web 日志等是否有异常
域名 ping 不通	DDoS 流量攻击不在 Web 应用防火墙的防护范围内	开通 DDoS 防护服务，抵御 DDoS 攻击
服务器负载不均	Web 防火墙使用四层 IP 哈希。因此，当 DDoS 高防串联 Web 应用防火墙或 SLB 使用四层转发时，ECS 可能出现负载不均衡	Web 应用防火墙和 ECS 直接使用 SLB 负载均衡，即使用 7 层转发，并打开 cookie 会话保持或负载均衡

6.5　云安全中心

任务描述

　　有一天，导师问了小周一个问题："对于拥有数十个账号和上千台云服务器的场景，应该如何统一管控所有云服务器并实时监控云上业务整体安全？"

　　小周回答道："应该构建一套能够识别、分析、预警安全威胁的统一安全管理系统，通过它来让上千台服务器中的漏洞、威胁和攻击情况一目了然。"

　　导师对小周的回答表示赞同，并且告诉他，在很多公有云服务提供商那里已经有了这种类似的云安全管理系统。在本任务中，小周需要通过阿里云的实际例子了解云安全中心的功能与价值，并且熟悉阿里云云安全中心的检测范围。

6.5.1　什么是云安全中心

　　云安全中心是一个实时识别、分析、预警安全威胁的统一安全管理系统，通过防勒索、防病毒、防篡改、镜像安全扫描、合规检查等安全能力，帮助用户实现威胁检测、响应、溯源的自动化安全运营闭环，保护云上资产和本地服务器并满足监管合规要求。

　　云安全中心通过安全告警实时抵御恶意入侵，使用漏洞和基线配置检测并消除系统弱点、预防恶意攻击，提供安全态势分析和安全可视化界面，满足事后追溯和分析需求，帮助用户建立完整的资产（包括公有云服务器、混合云服务器、容器、云产品等）安全防护体系。

　　以阿里云为例，阿里云云安全中心提供免费版、防病毒版、高级版、企业版和旗舰版多个版本，各版本的功能差异如下。

　　1）免费版

　　免费为用户提供基础的安全加固能力，可检测服务器异常登录、DDoS攻击、服务器主流类型的漏洞以及云产品安全配置。在购买ECS实例时选择安全加固即可开通免费版。

　　2）防病毒版

　　采用包年包月的计费方式，提供安全告警、病毒防御等服务。

　　3）高级版

　　采用包年包月的计费方式，提供安全告警、病毒防御、漏洞检测及修复、安全报告等服务。

　　4）企业版

　　采用包年包月的计费方式，提供安全告警、病毒防御、漏洞检测及修复、基线检查、资产指纹、攻击分析等全面的安全服务。

　　5）旗舰版

　　采用包年包月的计费方式，提供镜像安全扫描、容器K8S威胁检测、容器网络拓扑、安全告警、病毒防御、漏洞检测及修复、基线检查、资产指纹、攻击分析等全面的安全服务。

6.5.2　云安全中心的检测范围

　　云安全中心通过安装在服务器上的Agent和云端防护中心的联动，为企业用户提供服务器的安全告警、漏洞管理、病毒防御、基线检查、攻击分析等功能。

关于云安全中心检测范围说明，包括如下内容。

1. 可疑文件信息

云安全中心提供恶意文件检测功能。系统在检测到可疑文件后会上传该文件的相关信息（包括但不限于文件的路径、MD5 值、创建时间等）到云端防护中心，以便进行最终核查。确认为恶意文件后，云安全中心会发送安全告警通知。

2. 可疑进程信息

云安全中心提供恶意进程检测功能。系统在检测到可疑进程后会上传该进程的相关信息（包括但不限于进程名、进程启动参数、进程对应文件的路径、进程启动时间等）到云端防护中心，以便进行最终核查。

3. 账户信息

提供登录审计、疑似账号提醒、暴力破解拦截等功能。系统会定期分析和上传服务器的账号信息（包括但不限于用户名、用户权限等）和登录日志信息（包括但不限于登录名、登录 IP 等）。如果发生异常登录事件，云安全中心会发送安全告警通知。

4. 异常连接信息

云安全中心提供异常网络连接检测功能。系统在检测到可疑网络连接后，会上传该网络连接的相关信息（包括但不限于访问源 IP、源端口、访问目的 IP、目的端口等）到云端防护中心，以便进行最终核查。确认为异常连接后，云安全中心会发送安全告警通知。

5. 容器镜像安全

云安全中心可以提供镜像安全扫描功能，系统将定期扫描容器中是否存在漏洞和恶意文件。

6. 容器运行时安全

云安全中心提供容器运行时威胁检测功能，实时检测运行中的容器是否存在病毒文件、恶意程序、内部入侵行为、容器逃逸、高风险操作等威胁。

7. 支持检测的漏洞类型

在表 6-8 中，×表示该版本不支持该项的扫描和检测。√表示该版本支持该项的扫描和检测。〇表示免费版和防病毒版只支持漏洞自动检测，不支持漏洞一键扫描和漏洞修复操作。

表 6-8　阿里云云安全中心各个版本支持的漏洞类型

项目	免费版	防病毒版	高级版	企业版	旗舰版
Linux 软件漏洞	〇	〇	√	√	√
Windows 系统漏洞	〇	〇	√	√	√
Web-CMS 漏洞	〇	〇	√	√	√

（续表）

项目	免费版	防病毒版	高级版	企业版	旗舰版
应用漏洞	×	×		√	√
应急漏洞	√	√	√	√	√
基线问题	×	×	√	√	√
云平台配置	×	×	√	√	√

在线测试

本任务测试习题包括填空题、选择题和判断题。

6.5 在线测试

技能训练

6.5.3 开启云防火墙保护和入侵防御拦截模式

云上数据安全
最佳实践

云防火墙服务开通后，用户可在防火墙开关页面将资产一键全部开启保护，在入侵防御页面中开启拦截模式，即可全面保护云上资产安全。

1. 配置外到内的访问策略

在外-内流量的访问策略中，不要对公网 IP 全部端口开放访问，对外仅开放必要的互联网 IP 和端口，其他端口则全部设置为拒绝。

1）放行需要对外开放的应用或端口

在访问控制页面外-内流量列表中，依据业务需求，将源 IP 地址配置为 0.0.0.0/0 或特定源，也可选择地址簿中系统默认配置的地址簿 Any（0.0.0.0/0）或特定源（见图 6-16）。"目的"选择要放开的 IP 或地址簿中的特定目的，"协议"选择"Any"或者依据业务需要选择对应协议，"动作"选择"放行"。

地址簿管理 ✕

支持搜索名称/IP地址/ECS标签/描述	全部类型 ∨	搜索				+新建地址簿

地址簿名称	类型	IP地址/ECS标签	描述	引用次数	操作
private_netw...	IP地址段	10.0.0.0/8 3		0	查看编辑 删除
Any	IP地址段	0.0.0.0/0		0	查看编辑 删除

图 6-16　地址簿管理

2）将除放行策略之外的流量设置为拒绝放行

在访问控制页面外-内流量列表中，将源 IP 地址配置为 0.0.0.0/0 或地址簿中系统默认配置的地址簿 Any（0.0.0.0/0），"目的"设置为"Any"，"协议"设置为"Any"，"动作"选择"拒绝"。

2. 配置内到外的访问策略

内-外流量建议不要开放全部放行的策略，只对必要的外部 IP 或域名的访问开启放行，其他访问全部设置为拒绝。

1）放行需要对外访问的应用或端口

在访问控制页面内-外流量列表中，依据业务需求，将源 IP 地址配置为 0.0.0.0/0 或特定源，也可选择地址簿中系统默认配置的地址簿 Any（0.0.0.0/0）或特定源，"目的"选择要放开的域名或 IP 或地址簿中的特定目的，"协议"选择"Any"或者依据业务需要选择对应协议，"动作"选择"放行"。

2）将除放行策略之外的流量设置为拒绝放行

在访问控制页面内-外流量列表中，将源 IP 地址配置为 0.0.0.0/0 或选择地址簿中系统默认配置的地址簿 Any（0.0.0.0/0），"目的"设置为"Any"，"协议"设置为"Any"，"动作"选择"拒绝"。

6.5.4　购买 SSL 证书服务

在使用公有云 SSL 证书服务申请证书前，用户必须先下单购买 SSL 证书。SSL 证书订单包含所需的证书资源（即可申请的指定品牌及类型的证书的个数，简称证书个数）。完成购买后，可以使用获取的证书个数向 CA 中心提交证书申请。

以阿里云为例，购买 SSL 证书的具体过程如下：

（1）访问云盾证书服务购买页，并登录阿里云账号。

（2）按照页面提示，完成购买配置，如图 6-17 所示。

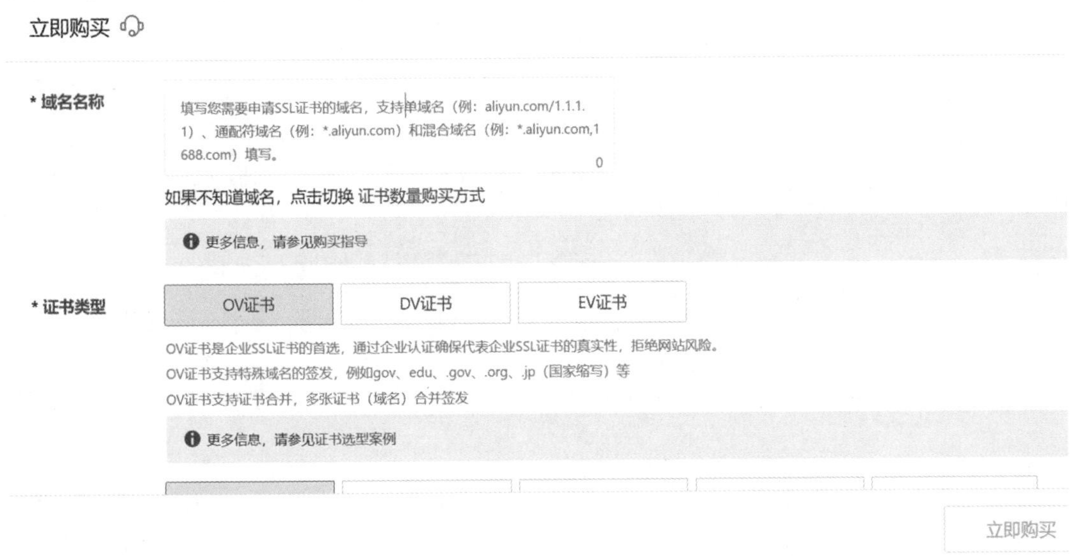

图 6-17　购买配置

（3）单击"立即购买"按钮，确认订单并完成支付。

完成购买后，可以在 SSL 证书控制台的"SSL 证书"页面，通过订单管理查询已购买的 SSL 证书订单实例，如图 6-18 所示。

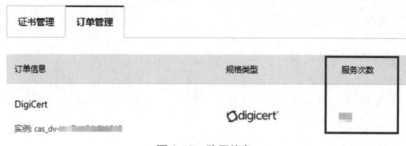

图 6-18　购买信息

单元 7　公有云运维管理

学习目标

越来越多的企业或个人用户将线下业务搬迁到云上运行，随之带来的一个重要问题就是如何保障云上业务的稳定运行，以及当面临各类故障发生时如何进行高效安全的运维工作。

通过本单元 7.1 节的学习，读者会了解并学习公有云平台中云监控的概念与关键技术、需要掌握的云监控的功能特性以及如何使用云监控。

7.2 节从了解运维的内容开始去学习公有云下运维事件中心的作用和应用场景，读者需要了解并掌握的是运维事件中心的概念。

日志在整个云上业务运行过程中是重中之重，通过 7.3 节的学习，读者应该掌握云平台中日志服务的产品优势及价值。

第三方监控软件在运维体系变得越来越流行，通过 7.4 节的学习，读者可以了解 Prometheus 的基本概念，以及公有云平台中如果通过 Prometheus 实现监控服务。

7.1　云监控

任务描述

越来越多的企业及个人用户将以前位于物理机房的应用与服务搬迁到公有云上运行。这就带来一个问题，以前在企业内部机房可获取到物理主机硬件资源监控信息，在公有云上又该如何对虚拟、物理等硬件资源进行监控，从而提前发现运行中可能发生的瓶颈、告警等相关信息。

小周通过网络调研、公司内部资料查阅得知，在公有云中，可以通过一站式监控解决方案来达到云监控的目的。在本任务中，小周需要学习和掌握与云监控相关的知识，包括如下几项：

（1）熟悉云监控的主要目的，以及阿里云云监控功能的特性。

（2）掌握云监控功能的关键技术。

（3）通过实践学会如何通过日志等关键字实现监控与报警。

7.1.1 什么是云监控

云监控是一种针对产品资源和自定义资源设置性能消耗类指标的阈值告警，同时针对云产品实例或平台底层基础设施的服务状态设置事件告警的服务。通过云监控，可以为企业或个人用户提供立体化云产品数据监控、智能化数据分析、实时化异常告警和可视化数据展示，从而提升运维效率，减少运维成本。

云监控的概念与技术原理

在阿里云中，云监控涵盖了 IT 设施基础监控和外网网络质量监控，是基于事件、自定义指标和日志的业务监控，为用户全方位提供更高效、全面、省钱的监控服务。云监控通过提供跨云服务和跨地域的应用分组管理模型和报警模板，帮助用户快速构建支持几十种云服务、管理数万实例的高效监控报警管理体系。此外，还可以用于监控各云服务资源的监控指标，探测云服务器实例和运营商站点的可用性，并针对指定监控指标设置报警，使用户全面了解阿里云上资源的使用情况和业务运行状况，并及时对故障资源进行处理，保证业务正常运行。图 7-1 所示是阿里云云监控服务的产品架构示意图。

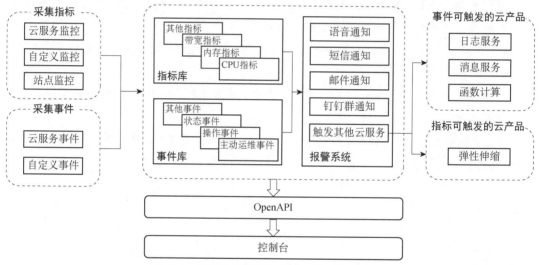

图 7-1　阿里云云监控服务的产品架构示意图

阿里云云监控支持的功能特性如表 7-1 所示。

表 7-1　云监控功能特性

功能	说明
Dashboard	提供自定义查看监控数据的功能，可以在一个监控大盘中跨云服务、跨实例查看监控数据
应用分组	提供跨云服务、跨地域的资源分组管理功能。支持从业务角度集中管理服务器、数据库、负载均衡、存储等资源，从而按实际业务需求来管理报警规则，查看监控数据，提升运维效率
主机监控	主机监控通过在阿里云和非阿里云主机上安装插件，监控主机的 CPU、内存、磁盘、网络等监控项，并对所有监控项提供报警功能
事件监控	提供事件的上报、查询、报警功能，方便用户将业务中的各类异常事件或重要变更事件收集上报到云监控，并在异常发生时接收报警
自定义监控	用户可以针对自己关心的业务指标设置自定义监控，将采集到的监控数据上报至云监控，由云监控进行数据处理，并根据处理结果进行报警

（续表）

功能	说明
日志监控	提供日志数据实时分析、监控图表可视化展示和报警功能。用户只需要开通日志服务，将本地日志通过日志服务进行收集，即可解决监控运维与运营诉求。日志服务还可完美结合云监控的主机监控、云服务监控、站点监控、应用分组、Dashboard 和报警服务
站点监控	提供网络探测的监控服务，主要用于通过遍布全国的互联网终端节点，发送模拟真实用户访问的探测请求，监控全国各省市运营商网络的终端用户到服务站点的访问情况
云产品监控	提供监控当前阿里云账号下各云服务资源的功能。可以查看各云服务的监控图表，了解资源的运行状况，也可以通过设置报警规则，帮助用户监控资源的运行状况。当符合报警规则时，云监控自动发送报警通知，便于用户及时获悉资源的运行状况
报警服务	提供监控数据的报警功能。可以通过设置报警规则来定义监控项的阈值，并在监控项满足报警条件时发送报警通知。用户对重要监控项设置报警规则后，可在第一时间得知该监控项异常，迅速处理故障
资源消耗	提供查看资源消耗详情的功能
容器监控	提供跨地域、集中化和全局化监控容器服务 Kubernetes 版集群的功能

7.1.2 云监控关键技术

云监控的关键策略

1. SNMP 协议

SNMP 协议，即简单网络管理协议，它是专门设计用在 IP 网络管理网络节点（服务器、工作站、路由器、交换机及 HUBS 等）的一种标准协议。SNMP 是一种 TCP/IP 五层协议中的应用层协议。

SNMP 的前身是简单网关监控协议（SGMP），用来对通信线路进行管理。随后，人们对 SGMP 进行了很大的修改，特别是加入了符合 Internet 定义的 SMI 和 MIB，改进后的协议就是著名的 SNMP。基于 TCP/IP 的 SNMP 网络管理框架是工业上的现行标准，由 3 个主要部分组成，分别是管理信息结构 SMI（Structure of Management Information）、管理信息库 MIB 和管理协议 SNMP。

目前，业界普遍通过 SNMP 协议和数据采集软件来实现系统运行监测方案，选择通过 SNMP 来获取服务器运行的各种信息，是因为 SNMP 协议是业界实现监测的重要标准。

SNMP 管理的网络有三个主要组成部分：被管理的设备（Managed Device）、SNMP 代理（Agent）和网络管理系统（Network Management Station，NMS）。

1）被管理的设备

被管理的设备，即一个网络节点，包含 SNMP 代理并处在管理网络之中，有时也称为网络单元。被管理的设备主要用于收集并存储网络信息，通过 SNMP、NMS 能得到这些信息。

2）SNMP 代理

SNMP 代理是被管理的设备上的一个网络管理软件模块。SNMP 代理拥有本地的相关管理信息，并将它们转换成与 SNMP 兼容的格式。

3）网络管理系统

网络管理系统，是运行应用程序以实现监测被管理设备。此外，NMS 还为网络管理提供了大量的处理程序及必需的储存资源。任何受管理的网络至少需要一个或多个 NMS。

2. 代理监控技术

代理监控，一般指的是在被监控云服务器、物理主机上安装监控代理程序，通过代理监控可以收集设备的各种状态或信息，再将数据发送给一种既定的主监控设备。

目前业界常用的监控代理技术分为两种：无代理的监控和基于代理的监控。所谓无代理监控，主要由主监控设备来完成监控请求、信息的监测和收集；而另一种基于代理的监控方式，这种方式的监控请求既可通过主监控设备，也可通过代理程序来完成，并在检测完成后将结果上报给主监控设备。

3. 监控粒度

阿里云云服务器实例上的 CPU 争抢情况一般按秒级采集数据，而对于 I/O 访问的访问请求监控则更细粒度，统计到每个 I/O 访问的响应延时。

监控的目的是提供稳定的服务，在出了问题以后能尽快处置。监控希望能做到事前分析与预测，所谓后发先至，避免发生影响服务的事件，这本身也是一个大数据应用的课题。

4. 故障预测

基于全链路的监控与分析平台，对每一次的故障进行复盘，将故障原因的相关指征提取出来，形成预警方法。有些故障是由软件更新的 bug 触发的，不过 bug 触发的问题如果能够提取为指证，也可以回归到预警系统。

7.1.3　通过日志监控关键字的数量与报警

云监控可以统计日志服务中关键字的数量，并在关键字数量达到一定条件时报警，是日志的常见需求之一。本章节通过阿里云的云监控实例过程帮助读者快速掌握日志关键字监控和设置报警的操作方法。

云监控的应用场景及案例分析

步骤一：背景信息

在完成阿里云公有云控制台中购买日志监控数据处理量后，例如按量付费或包年包月，需要了解日志服务中日志的样例，如下所示。

```
 2021-12-21 14: 38: 05 [INFO] [impl.FavServiceImpl] execute_fail and run time
is 100msuserid=
 2021-12-21 14:38:05 [WARN] [impl.ShopServiceImpl] execute_fail,wait moment
200ms
 2021-12-21 14: 38: 05 [INFO] [impl.ShopServiceImpl] execute_fail and run
time is 100ms, reason: user_id invalid
 2021-12-21 14: 38: 05 [INFO] [impl.FavServiceImpl] execute_success, wait
moment, reason: user_id invalid
 2021-12-21 14: 38: 05 [WARN] [impl.UserServiceImpl] execute_fail and run
time is 100msuserid=
 2021-12-21 14: 38: 06 [WARN] [impl.FavServiceImpl] execute_fail, wait moment
userid=
 2021-12-21 14: 38: 06 [ERROR] [impl.UserServiceImpl] userid=, action=, test=,
wait moment, reason: user_id invalid
```

```
2021-12-21 14：38：06 [ERROR] [impl.ShopServiceImpl] execute_success: send
msg, 200ms
```

本书以监控日志段中关键字 ERROR 为例，为读者介绍通过日志监控实现日志关键字的监控与报警的操作方法。Key 为 level，Value 为具体的日志段。Key-Valve 格式如表 7-2 所示。

表 7-2　Key-Valve 格式

Key	Value
level	2021-12-21 14：38：05 [INFO] [impl.FavServiceImpl] execute_fail and run time is 100msuserid=
level	2021-12-2114：38：05 [WARN] [impl.ShopServiceImpl] execute_fail，wait moment 200ms
level	2021-12-2114：38：06[ERROR][impl.ShopServiceImpl] execute_success：send msg，200ms

步骤二：授权阿里云监控访问日志服务的权限

使用者如果首次使用日志监控功能，则需要授权云监控访问日志服务的权限，具体步骤如下：

（1）登录云监控控制台。在左侧导航栏，单击"日志监控"。

（2）在"日志监控"页面，单击"这里"链接。

（3）在"云资源访问授权"页面，单击"同意授权"按钮。

步骤三：新建日志监控，监控 level 中包含关键字 ERROR 的日志

（1）在日志监控页面，单击右上角的"新建日志监控"。

（2）在"新建日志监控"页面，设置日志监控相关参数后单击"确认"按钮，如图 7-2 所示。

图 7-2　设置日志监控

步骤四：查看关键字 ERROR 的监控数据

创建日志监控后，等待 3～5 分钟。在"日志监控"页面，单击目标监控项对应"操作"列的监控图表，查看监控图表。

步骤五：设置关键字 ERROR 的报警规则

（1）在"日志监控"页面，单击目标监控项对应操作列的"报警规则"。

（2）在"报警规则"页签，单击右上角的"新建报警规则"。

（3）在"创建报警规则"页面，设置报警规则相关参数。单击"确定"按钮。当日志服务中出现 ERROR 级别的日志时，会收到报警通知。

7.1.4　使用云监控实现内网监控

随着越来越多的用户从经典网络迁移到更安全、更可靠的专有网络环境，监控专有网络内部服务是否正常响应就成为需要关注的问题。本章节将通过阿里云的案例说明如何监控专有网络内云服务器实例上的服务。

企业业务上云后
的云上监控方法

内网监控的原理如图 7-3 所示。

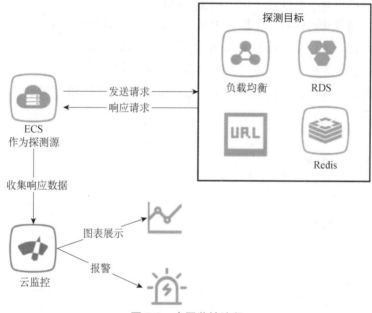

图 7-3　内网监控流程

在图 7-3 中，使用者首先需要在服务器上安装云监控插件，然后通过阿里云控制台配置监控任务，选择已安装插件的机器作为探测源，并配置需要探测的目标 URL 或端口。完成配置后，作为探测源的机器会通过插件每分钟发送一个 HTTP 请求或 Telnet 请求到目标 URL 或端口，并将响应时间和状态码收集到云监控进行报警和图表展示。

具体的内网监控的实施步骤如下：

（1）登录阿里云云监控控制台。在左侧导航栏，单击"应用分组"。

（2）在"应用分组"页面，单击目标分组名称/分组 ID 链接。

（3）在目标应用分组的左侧导航栏，单击"可用性监控"。在"可用性监控"页面，单击"新建配置"按钮。

（4）在"创建可用性监控"页面，设置可用性监控相关参数。

① 需要监控专有网络内云服务器实例本地进程是否响应正常，可在"探测源"中选中所有需要监控的云服务器实例，在"探测目标"中填写 localhost：port/path 格式的地址，进行本地探测。

② 需要监控专有网络内负载均衡产品是否正常响应，可选择与负载均衡产品在同一专有网络内的云服务器实例作为探测源，在"探测目标"中填写 SLB 的地址进行探测。

③ 需要监控专有网络内云服务器实例后端使用的 RDS 或 Redis 是否正常响应，可将与云服务器实例在同一专有网络内的 RDS 或 Redis 添加到应用分组，并在"探测源"中选择相应的云服务器实例，在"探测目标"中选择 RDS 或 Redis 实例。

（5）单击"确定"按钮后，可以在任务对应的监控图表中查看探测结果，并在探测失败时收到报警通知，如图 7-4 所示。

图 7-4　查看探测结果

（6）单击任务列表中的监控图表，可查看监控详情，如图 7-5 所示。

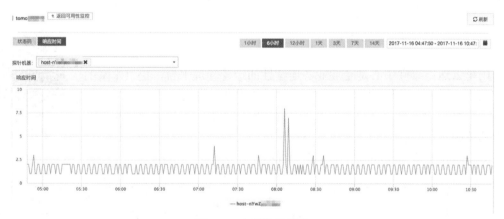

图 7-5　查看监控详情

7.2　运维事件中心

任务描述

在公有云日常运营中，随着企业云上业务体量的不断增长，以及数据量的日渐攀升，运维的作用变得越来越重要。小周在进行公司项目开发过程中，逐步发现运维事件的重要性，特别是面对各种物理资源故障发生时，如何及时准确地反馈各类型告警事件对原因排查及服务恢复起着至关重要的作用。

小周将心中的疑问告知导师，导师对小周提出来的问题表示赞赏，因为在实践工作中勤加思考是很有必要的，并且告诉小周，构建完善的运维事件通知流程是个比较复杂的技术体系，建议他先理解云计算运维的工作内容，再通过阿里云运维事件中心解决方案去学习它的运行机制、应用场景及作用。

7.2.1　运维概述

运维是运营和维护的简称。从目标和结果上看，运维的目标是要在成本、稳定性和效率上取得平衡。从操作上看，运维对包含硬件和软件的整个 IT 系统进行创建、配置、监控、更新、迁移等运营和维护动作。

一个通用的业务上线流程是研发团队完成软件开发，并交给测试团队进行验收测试，测试通过后，把软件产品、用户手册一起交付给运维团队进行实际的上线发布过程。在这个过程里，运维人员不仅要负责软件的发布上线，还要负责存储、网络、数据库和服务器等硬件环境的部署和维护。

随着云计算技术的不断发展，上云变得势不可挡，而云上运维和传统的运维，操作的目标有相同，也有不同。云上的运维人员不仅要负责传统硬件的运维，还要维护云上的虚拟资源，例如云服务器、云硬盘、云数据库、虚拟网络等。其次，现在的运维技术，尤其是云上的运维，已经慢慢和软件开发技术融为一体，强调自动化在运维中的作用，这一方面提高了云计算运维的门槛，另一方面大幅降低了运维复杂度和错误率。

7.2.2　什么是运维事件中心

阿里云运维事件中心是企业业务连续性的运营管理平台，提供丰富的监控集成、强大的报警降噪、可靠的通知、灵活的事件流转、基于 ITIL 的故障管理等功能，帮助企业实现更实时的数字化管理、更快的故障响应、更短的故障恢复时长、更连续的业务运营体验。

运维与运维
事件中心

运维事件中心的产品架构如图 7-6 所示。

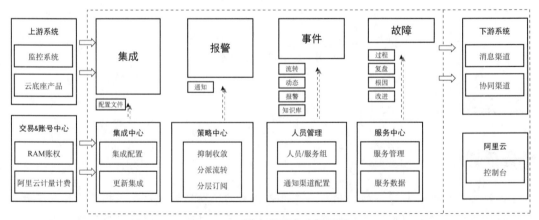

图 7-6　运维事件中心产品架构

运维事件中心的主要产品优势包含多监控系统集成、灵活的报警降噪能力等。

（1）多监控系统集成：支持 10+常见监控系统集成，简单配置即可快速完成对接。

（2）灵活的报警降噪能力：支持横向抑制、纵向收敛，全面压制报警风暴，不再遗漏核心报警。

（3）大幅降低事务性操作：完善的事件分派、通知机制，避免重复事务性操作，提升运维效率。

7.2.3　运维事件中心的应用场景

1. 一站式运维事件管理

满足各类监控场景下报警统一事件化管理需求，支持集成对接各监控系统，支持服务器自定义推送异常事件，对报警、事件、故障进行全流程一站式管理，提升企业运维效率，如图 7-7 所示。

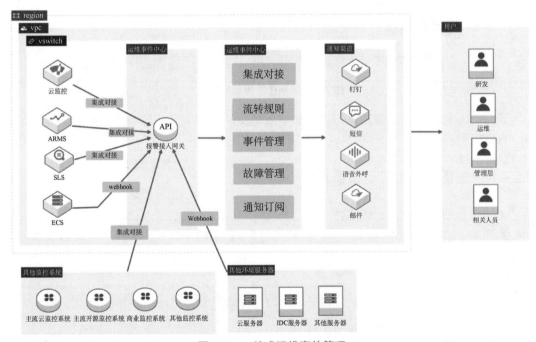

图 7-7　一站式运维事件管理

通过一站式运维事件管理，可以帮助企业用户解决如下问题。

1）多源监控集成

支持多个常见监控系统集成，简单配置即可完成集成对接。

2）报警统一处理

所有报警进行集中降噪处理，抑制收敛，避免报警风暴。

3）事件闭环管理

对报警生成事件，进行全生命周期管理，不遗漏重大事件。

2. 体系化故障闭环管理

基于阿里云多年在 ITIL 实践经验沉淀的故障管理体系，满足企业重大故障的流程化、在线化管理需求，持续提升业务连续性。阿里云体系化故障闭环管理如图 7-8 所示。

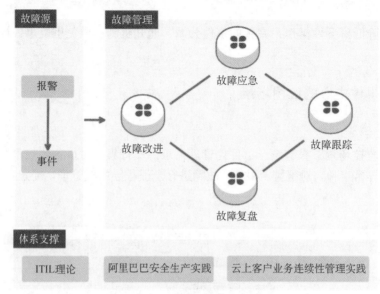

图 7-8　体系化故障闭环管理

通过体系化故障闭环管理，可以更加有效地支持故障全局应急通告，电话、短信、邮件、IM 多种通知渠道，加快信息流转，并且降低管理难度。

7.2.4　快速使用阿里云运维事件中心

本章节介绍配置使用运维事件中心全流程，从配置人员的个人信息到接收到系统自动触发的报警、事件、故障并自动分派流转，通过本章节的学习使读者深入理解运维事件中心的作用。

步骤一：前提条件

（1）开通阿里云企业账号，若未开通，可前往阿里云官网注册并开通企业账号。

（2）开通运维事件中心产品服务。

步骤二：新增服务

（1）在导航栏左侧选择"服务中心"→"服务管理"，进入"服务管理"页面。

（2）在"服务管理"页面单击"新增服务"按钮出现新增服务弹窗，在弹窗内输入服务名称和服务描述，单击"确定"按钮，如图 7-9 所示。

步骤三：配置人员信息

（1）RAM 主账号在导航栏左侧选择"人员管理"→"人员列表"，进入"产品"页面。

（2）单击 RAM 主账号对应的"编辑"按钮出现编辑人员弹窗，选择人员的 RAM 账号登录名，修改姓名、人员手机号、企业邮箱，单击"确认"按钮完成设置，如图 7-10 所示。

图 7-9　新增服务

图 7-10　编辑人员信息

步骤四：新增服务组

（1）在导航栏左侧选择"人员管理"→"服务组管理"，进入"服务组管理"页面。

（2）在"服务组管理"页面单击"新增服务组"按钮，出现新增服务组弹窗，在弹窗内输入服务组名称，选择服务组成员，选择 Webhook 通知类型，输入需要通知的群 Webhook 地址，输入服务组描述，单击"确认"按钮，如图 7-11 所示。

步骤五：配置集成

在需要接入集成的监控源中配置好相关服务的监控项。

（1）在左侧导航栏选择"集成中心"→"集成配置"，如图 7-12 所示。

（2）根据业务需要选择要接入的集成，单击"接入集成"。

（3）单击之后进入对应集成详情页面，根据集成详情页面步骤完成集成接入。在集成详情页面可以查看文档中集成接入文档说明，如图 7-13 所示。

图 7-11　编辑服务组

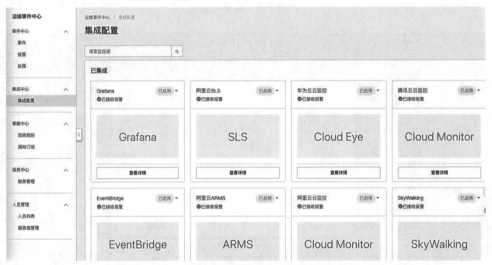

图 7-12　集成配置入口

图 7-13　集成接入示意

（4）集成接入成功后可以前往流转规则页面中配置报警或事件流转规则。

步骤六：配置流转规则

（1）在"流转规则"页面单击"新增规则"，进入"新增规则"页面。

（2）在"新增规则"页面，设置规则名称、规则条件（规则条件需要选择监控源、key）、关联服务，如图 7-14 所示；选择触发事件的类型，选择"触发事件"则需配置事件触发规则、优先级、影响程度和默认分派对象，后选择"仅触发报警"则需要配置报警触发规则、优先级和默认通知对象。配置完成之后单击"提交"按钮。

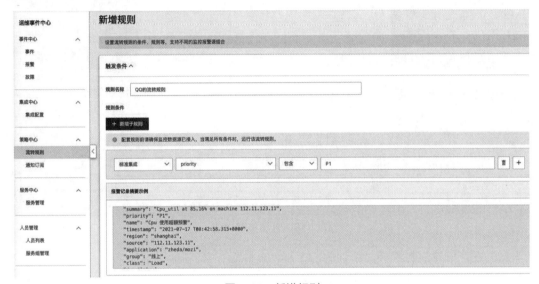

图 7-14　新增规则

步骤七：配置通知订阅

（1）在左侧导航栏选择"策略中心"→"通知订阅"，打开"通知订阅"页面配置通知订阅。

（2）在"通知订阅"页面单击"新增通知订阅"按钮进入新增通知订阅的配置页面，如图 7-15 所示。

图 7-15　通知订阅

（3）在新增通知订阅的配置页面，设置订阅名称、订阅范围、通知对象、订阅时长；配置通知策略，选择通知类型（可通过单击"新增通知类型"按钮添加多个）、优先级和影响程度、通知渠道。

步骤八：查看报警信息或处理事件

（1）在左侧导航栏选择"事件中心"→"报警"，打开"报警列表"页面，根据相应的流转规则触发对应的报警，如图7-16所示。

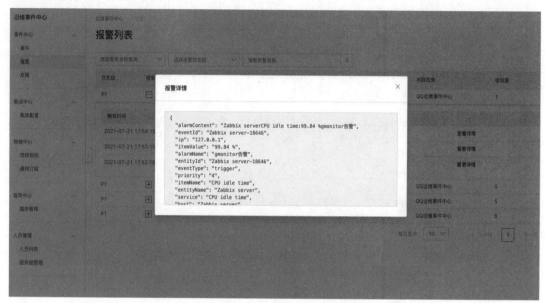

图7-16　查看报警详情

（2）在左侧导航栏选择"事件中心"→"事件"，在打开的"事件"页面，根据相应的流转规则触发对应的事件，如图7-17所示。

图7-17　按照规则触发事件

（3）根据流转规则配置的分派对象确定事件的当前处理人，在"事件详情"页面可以把事件转交给其他人处理。

（4）在事件列表"操作"列或"事件详情"页面响应该事件。

（5）在"事件详情"页面可以变更优先级。

（6）在"事件详情"页面可以将对业务或系统造成重大影响的事件升级为故障，如

图 7-18 所示。

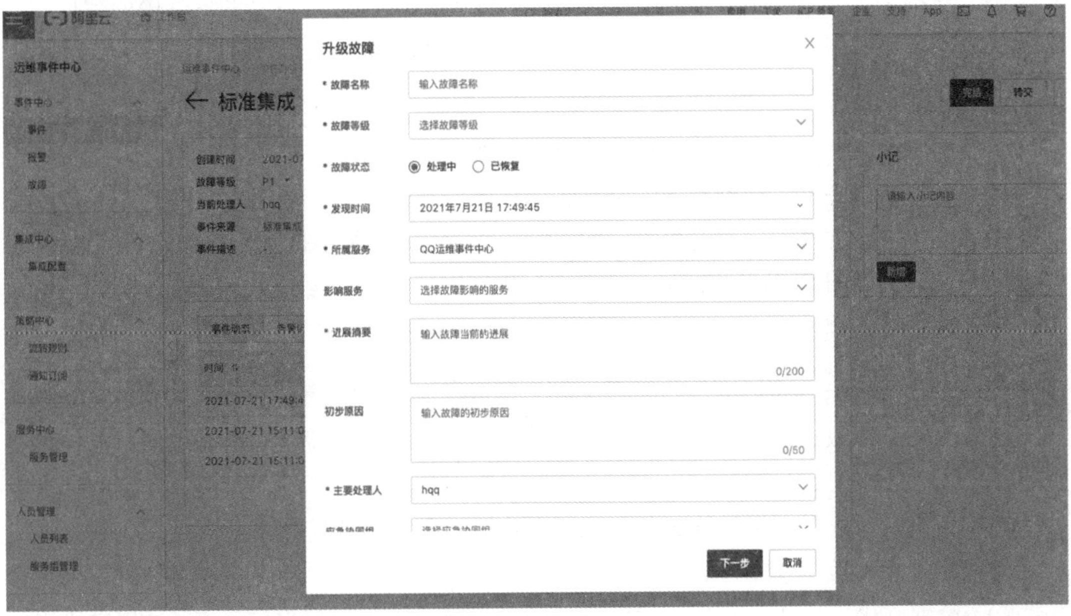

图 7-18　升级故障

7.3　日志服务

日志服务

任务描述

在深入理解公有云运维各项事件运行机制的过程中，小周逐步认识到日志在云计算服务运行中的重要性，因此小周觉得有必要了解日志服务在公有云中进行收集、保存、查询和分析的过程。

在本任务中，小周需要了解并掌握公有云中日志服务的主要功能及应用场景，之后再通过阿里云的实践了解日志服务的产品架构。

7.3.1　日志服务的功能特性

日志服务是阿里云研发的基于云原生的观测与分析平台，是一种为 Log、Metric、Trace 等数据提供大规模、低成本、实时的平台化服务。

阿里云日志服务包含以下功能模块，覆盖云原生观测与分析的多种业务场景。

1. 数据采集

日志服务提供 50 多种数据接入方案，具体说明如下：

（1）支持采集服务器与应用相关的日志、时序数据和链路数据。

（2）支持采集物联网设备日志。

（3）支持采集阿里云产品日志。

（4）支持采集移动端数据。

（5）支持采集 Logstash、Flume、Beats、FluentD、Telegraph 等开源软件中的数据。

（6）支持通过 HTTP、HTTPS、Syslog、Kafka、Prometheus 等标准协议接入数据。

2. 查询与分析

日志服务支持实时查询与分析数据，具体说明如下：

（1）支持精确查询、模糊查询、全文查询、字段查询。

（2）支持上下文查询、日志聚类、LiveTail、重建索引等功能。

（3）支持标准的 SQL 92 语法。

（4）提供 SQL 独享实例。

3. 数据加工

日志服务提供数据加工功能，用于数据的规整、富化、流转、脱敏和过滤，具体说明如下。

（1）数据规整：针对混乱格式的日志进行字段提取、格式转换，获取结构化数据以支持后续的流处理、数据仓库计算。

（2）数据富化：对日志（例如，订单日志）和维表（例如，用户信息表）进行字段连接（JOIN），为日志添加更多维度的信息，用于数据分析。

（3）数据流转：通过跨地域加速功能将海外地域的日志传输到中心地域，实现全球日志集中化管理。

（4）数据脱敏：对数据中包含的密码、手机号、地址等敏感信息进行脱敏。

（5）数据过滤：过滤出关键服务的日志，用于重点分析。

4. 消费与投递

日志服务提供消费与投递功能，支持通过 SDK、API 实时消费数据；支持通过控制台将数据实时投递至 OSS、MaxCompute 等阿里云产品中，具体说明如下：

（1）支持通过 Splunk、QRadar、Logstash、Flume 等第三方软件消费数据。

（2）支持通过 Java、Python、GO 等语言消费数据。

（3）支持通过函数计算、实时计算、云监控等阿里云产品消费数据。

（4）支持通过 Flink、Spark、Storm 等流式计算平台消费数据。

5. 告警

日志服务提供一站式的告警监控、降噪、事务管理、通知分派的智能运维平台，具体说明如下。

（1）告警监控：支持通过告警监控规则定期检查评估查询和分析结果，触发告警或恢复通知，发送给告警管理系统。

（2）告警管理：支持通过告警策略对所接收到的告警进行路由分派、抑制、去重、静默、合并等操作，并发送给通知（行动）管理系统。

（3）通知（行动）管理：支持通过行动策略将告警动态分派给特定的通知渠道，再通知给目标用户、用户组或值班组。

（4）开放告警：支持通过 Webhook 方式接收外部监控系统中的告警消息（例如，Grafana 告警、Prometheus 告警），并完成告警管理、告警通知等操作。

6.日志审计

日志审计服务在继承现有日志服务所有功能基础上还支持自动化采集、对接其他生态产品等功能，具体说明如下。

（1）支持实时自动化、中心化采集多账号下的云产品日志并进行审计。

（2）覆盖基础（ActionTrail、容器服务 Kubernetes 版）、存储（OSS、NAS）、网络（SLB、API 网关）、数据库（关系型数据库 RDS、云原生分布式数据库 PolarDB-X、PolarDB MySQL 云原生数据库）、安全（WAF、DDoS 防护、云防火墙、云安全中心）等云产品。

（3）支持自由对接其他生态产品或自有 SOC 中心。

（4）内置百种告警规则，支持一键式开启，覆盖账户安全、权限管理、存储、主机、数据库、网络、日志等各个方面的合规监控。

7.3.2　产品架构

阿里云日志服务的架构如图 7-19 所示。

图 7-19　阿里云日志服务产品架构

1.数据来源

日志服务支持采集开源软件、服务器与应用、阿里云产品、标准协议、移动端、物联网等多种来源的数据。

2.日志服务

1）数据类型

日志服务为 Log、Metric、Trace 等数据提供大规模、低成本、实时的平台化服务。

2）使用方式

日志服务支持控制台、API、SDK、CLI 等多种使用方式。

3）应用场景

日志服务可服务于运营、运维、研发、安全等多种场景。

3. 数据目标

日志服务支持通过消费或投递的方式将数据导出至云产品或第三方软件。

7.3.3 日志服务带来的价值

日志服务在公有云企业用户的业务运行中具有很大的运维价值，具体可以分为以下几个场景。

1. 提供全面的数据接入方案

具备 Log、Metric、Trace 数据的接入能力，全面覆盖 IoT、移动端和服务端。支持接入云产品日志、开源系统日志、多云环境日志、本地服务器日志。

2. 提供一站式平台服务

支持采集、分析、加工、可视化、投递、告警等一站式的数据生命周期管理功能。

3. 具备智能、高效的数据分析能力

秒级分析百亿级数据能力、智能运维（AIOps）能力、智能异常检测与根因分析能力。

4. 提供弹性、低成本的云服务

日志服务是全托管免运维的云服务，具备每天 PB 级别的弹性伸缩能力。

7.4　Prometheus 监控服务

Prometheus 监控服务

任务描述

现如今，Prometheus 技术在 IT 应用中变得越来越流行，Prometheus 适用于录制任何纯数字时间序列，它适用于以机器为中心的监控以及高度动态的面向服务架构的监控。

在对云监控以及日志服务有了一定理解之后，小周觉得有必要学习 Prometheus 监控的相关内容。在本任务中，小周需要学习并掌握以下知识内容：

（1）学习 Prometheus 的基础知识，掌握 Prometheus 的主要组件及功能。

（2）掌握阿里云中 Prometheus 监控服务的主要功能。

7.4.1　Prometheus 基础知识

Prometheus 是一个开源的系统监控和警报工具包，通过这个工具包可以记录时间序列数据，比如可以记录机器 CPU、Memory、Disk 的使用情况；也可以在微服务中收集各个维度

的信息。自 2012 年成立以来，许多公司和组织都采用了 Prometheus，该项目拥有一个非常活跃的开发人员和用户社区。它现在是一个独立的开源项目，可以独立于任何公司进行维护。

Prometheus 的主要特点介绍如下：

（1）多维数据模型，时间序列由 metric 名字和 K/V 标签标识。

（2）灵活的查询语言（PromQL）。

（3）支持单机模式，不依赖分布式存储。

（4）基于 HTTP 采用 pull 方式收集数据。

（5）支持 push 数据到中间件（pushgateway）。

（6）通过服务发现或静态配置发现目标。

（7）支持多种图表和仪表盘。

Prometheus 生态系统由多个组件组成，其中有很多是可选的，如图 7-22 所示。使用者可以根据具体情况进行选择，常用组件包括

（1）Prometheus Server：收集和存储时间序列数据。

（2）Client Library：用于 Client 访问 Server/Pushgateway。

（3）Pushgateway：对于短暂运行的任务，负责接收和缓存时间序列数据，同时也是一个数据源。

（4）Jobsl Exporter：各种专用 Exporter，面向硬件、存储、数据库、HTTP 服务等。

（5）AlertManager：处理报警。

（6）其他各种支持的工具。

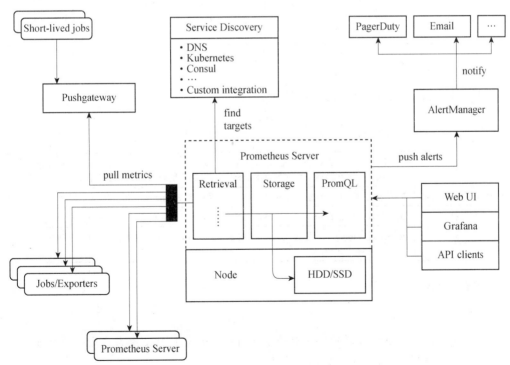

图 7-20 Prometheus 组件图

Prometheus 适用于录制任何纯数字时间序列，它适用于以机器为中心的监控以及高度

动态的面向服务架构的监控。在微服务的世界中，它对多维数据收集和查询的支持是一种特殊的优势。

7.4.2　什么是 Prometheus 监控

阿里云 Prometheus 监控全面对接开源 Prometheus 生态，支持类型丰富的组件监控，提供多种开箱即用的预置监控大盘，且提供全面托管的 Prometheus 服务。

阿里云 Prometheus 为用户的应用平台提供多场景、多层次、多维度指标数据的监控能力，结合 Grafana 大盘和 AlertManager 告警功能。在完全兼容开源 Prometheus 生态，以开放的方式为用户提供服务的原则下，阿里云 Prometheus 监控帮助用户轻松构建全面、稳定、安全、高可用性和高扩展性的可观测平台。

下面是 Prometheus 监控支持的主要功能。

1. 监控对象接入

监控对象接入功能及说明如表 7-3 所示。

表 7-3　监控对象接入功能及说明

功能	说明
创建 Prometheus 实例	支持创建 5 种类型的 Prometheus 实例。可以根据需求选择创建任一类型的 Prometheus 实例
组件监控接入	支持一键接入多种组件应用。自动创建 Exporter 以及对应的 Grafana 面板，监测并展示其指标数据
健康巡检	1. 支持云服务巡检、ACK Service 巡检以及自定义健康巡检方式 2. 定期对监控的服务进行连接测试。帮助用户掌握服务的健康状况，及时发现异常，从而采取针对性的有效措施

2. 监控指标采集

监控指标采集功能及说明如表 7-4 所示。

表 7-4　监控指标采集功能及说明

功能	说明
服务发现	默认服务发现，它是 Prometheus 监控内置的功能，在接入 Prometheus 监控时自动开启。当前默认服务发现指标采集对象为 Kubernetes 集群下所有 Namespace 包含的 Po
编辑 Prometheus.yaml	支持通过编辑 Prometheus.yaml 的方式为应用配置 Prometheus 监控的采集规则
查看指标	支持查看基础指标和自定义指标。对于不再需要监控的指标，支持配置废弃指标
Targets	支持通过 Targets 可以直观查看正在被抓取的目标，以及抓取状态是否正常。同时支持查看目标中暴露的 metrics

小贴士

Target：Prometheus 探针要抓取的采集目标，采集目标暴露自身运行、业务指标，或者代理暴露监控对象的运行、业务指标。

服务发现：Prometheus 监控的功能特点之一，无须静态配置，可以自动发现采集目标。

3. 监控数据处理

监控数据处理功能及说明如表 7-5 所示。

表 7-5　监控数据处理功能及说明

功能	说明
获取 Remote Read/Write 地址	Remote Write 功能支持作为远程数据库存储 Prometheus 监控数据。可以使用 Remote Read 地址和 Remote Write 地址，将自建 Prometheus 的监控数据存储到阿里云 Prometheus 实例中，实现远程存储
编辑 RecordingRule.yaml	预聚合（Recording Rule）可以对落地的指标数据做二次开发。可以配置预聚合规则将计算过程提前到写入端，减少查询端资源占用，尤其在大规模集群和复杂业务场景下可以有效地降低 PromQL 的复杂度
聚合实例	提供在当前地域下所有 Prometheus 实例的一个虚拟聚合实例。针对这个虚拟聚合实例可以实现统一的指标查询和告警

4. 监控数据展示

监控数据展示功能及说明如表 7-6 所示。

表 7-6　监控数据展示功能及说明

功能	说明
查看 Grafana 大盘	预置丰富的 Grafana 大盘，同时支持自定义大盘来展示监控数据
获取 HTTP API 地址	提供了 HTTP API 地址，可以通过该地址将阿里云 Prometheus 实例的监控数据接入自建的 Grafana 大盘展示数据，也可以获取阿里云 Prometheus 监控数据进行二次开发

5. 报警

报警功能及说明如表 7-7 所示。

表 7-7　报警功能及说明

功能	说明
创建报警	预置多种报警规则，支持针对特定监控对象自定义报警规则
管理报警	支持对报警规则执行开启、关闭、编辑、删除等操作
智能检测算子	支持通过智能检测算子算法自动地发现 KPI 时间序列数据中的异常波动，实现时间序列的异常检测，为后续的告警、自动止损、根因分析等提供决策依据

6. Prometheus 实例管理

Prometheus 实例管理功能及说明如表 7-8 所示。

表 7-8　Prometheus 实例管理功能及说明

功能	说明
调整存储时长	支持手动设置指标的存储天数
设置 Agent 副本数	支持 Agent 副本数水平伸缩（HPA）自动扩容的能力，均衡分解采集任务，实现动态扩缩，解决开源版本无法水平扩展与高可用问题
探针管理	支持查看 Prometheus 探针的基本信息和健康检查结果、设置 Agent 副本数、重启探针

7.4.3 了解 Prometheus 监控指标说明

阿里云 Prometheus 监控按照指标上报次数收费，指标分为两种类型：基础指标和自定义指标。

Prometheus 监控支持的基础指标涉及的采集任务（Job）如表 7-9 所示。

公有云运维安全
常见难题

表 7-9 基础监控指标说明

任务类型（Job）	任务名称（Job Name）
Prometheus	_arms-prom/node-exporter/0
	node-exporter
Kubelet 信息	_arms/kubelet/metric _arms-prom/kube-apiserver/metric _arms-prom/kubelet/0 _arms-prom/kubelet/1
Pod CPU	_arms/kubelet/cadvisor _arms-prom/kube-apiserver/cadvisor
API Server	_arms-prom-kube-apiserver apiserver _arms-prom/kube-apiserver/0
K8S 静态 YAML	_kube-state-metrics
Ingress	arms-ack-ingress ingress
CoreDNS	arms-ack-coredns coredns

使用者可以在 Prometheus "监控健康检查"页面查看基础指标涉及的采集任务（Job），具体步骤如下：

（1）登录 Prometheus 控制台。

（2）在 Prometheus "监控"页面左上角选择目标地域，然后单击需要查看的 K8S 集群名称。

（3）在左侧导航栏单击"健康检查"。在"健康检查结果"页面的健康检查结果第 4 步查看目前启动的采集任务（Job），根据是否免费，可以判断是否是基础指标涉及的采集任务（Job），如图 7-21 所示。

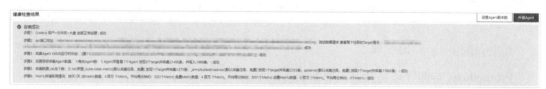

图 7-21 监控检查结果

7.4.4 监控专有网络下云服务器实例中的 Java 应用

本章节介绍在专有网络下的云服务器实例接入阿里云 Prometheus 监控后，如何监控实例中的 Java 应用。

如何做好云计算
的运维工作？

1. 前提条件

Spring Boot 作为最主流的 Java Web 框架，在其生态中有着丰富的组件支持，可以通过 Actuator 和 Micrometer 很好地与阿里云 Prometheus 监控对接。本章节以 Spring Boot Java 应用为例，在使用之前，可使用 Java 工程脚手架直接创建一个 Java Maven Project。

之后，将专有网络下的云服务器实例接入 Prometheus 监控，也就是开启阿里云 Prometheus 监控的过程，具体步骤如下：

（1）登录 Prometheus 控制台。在 Prometheus "监控" 页面的顶部菜单栏，首先选择地域，然后单击 "新建 Prometheus 实例"。

（2）在 "新建 Prometheus 实例" 页面，单击 "ECS 集群（VPC）区域"。

（3）在接入 ECS 集群（VPC）面板中显示当前地域下的所有 VPC 列表。

（4）在接入 ECS 集群（VPC）面板的目标 VPC 右侧操作列中，单击 "安装"。

（5）在 "安装 Prometheus 应用" 对话框中，输入 VPC 名称，选择交换机和安全组，单击 "确定" 按钮，如图 7-22 所示。

图 7-22　安装 Prometheus 应用

（6）安装成功后，对应专有网络（VPC）右侧状态列显示安装成功，如图 7-23 所示。

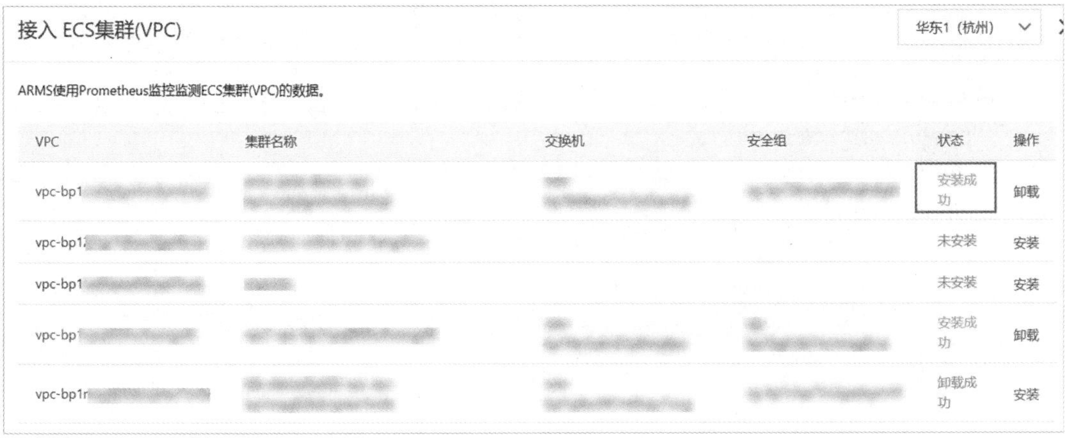

图 7-23　安装成功

2. 在 Project 的 pom.xml 中添加以下依赖

```xml
<dependency>
    <groupId>org.springframework.boot</groupId>
  <artifactId>spring-boot-starter-actuator</artifactId>
    <version>2.3.7.RELEASE</version>
</dependency>
<dependency>
  <groupId>io.micrometer</groupId>
  <artifactId>micrometer-registry-prometheus</artifactId>
  <version>1.5.1</version>
</dependency>
```

3. 修改 Spring Boot 配置文件

（1）如果使用者的 Spring Boot 配置文件为 application.properties 格式，请参考以下命令修改配置：

```properties
# 应用名称
spring.application.name=demo
# 应用服务 Web 访问端口
server.port=8080
#可选配置
#management.endpoints.enabled-by-default=true
#management.endpoints.web.base-path=/actuator
#暴露 Prometheus 数据端点   /actuator/prometheus
management.endpoints.web.exposure.include=prometheus
#暴露的 Prometheus 数据中添加 application label
management.metrics.tags.application=demo
```

（2）如果使用者的 Spring Boot 配置文件为 application.yml 格式，请参考以下命令修改配置。

```yaml
server:
  port: 8080
spring:
  application:
    name: spring-demo
management:
  endpoints:
    web:
      exposure:
        include: 'prometheus'   # 暴露/actuator/prometheus
  metrics:
    tags:
      application: demo
```

4. 检查服务

启动应用后通过浏览器访问地址"http://localhost:8080/actuator/prometheus"，进行测试，预计可得到以下返回结果：

```
# HELP jvm_memory_committed_bytes The amount of memory in bytes that is
committed for the Java virtual machine to use
# TYPE jvm_memory_committed_bytes gauge
jvm_memory_committed_bytes{application="demo", area="heap", id="G1 Eden
Space", } 1.30023424E8
jvm_memory_committed_bytes{application="demo", area="heap", id="G1 Old
Gen", } 1.28974848E8
jvm_memory_committed_bytes{application="demo"    ,    area="nonheap"    ,
id="Metaspace", } 4.9627136E7
jvm_memory_committed_bytes{application="demo",area="heap",id="G1 Survivor
Space", } 9437184.0
jvm_memory_committed_bytes{application="demo",area="nonheap",id="CodeHeap
'non-profiled nmethods'", } 7077888.0
jvm_memory_committed_bytes{application="demo"    ,    area="nonheap"    ,
id="Compressed Class Space", } 6680576.0
jvm_memory_committed_bytes{application="demo",area="nonheap",id="CodeHeap
'non-nmethods'", } 2555904.0
# HELP jvm_threads_states_threads The current number of threads having NEW
state
# TYPE jvm_threads_states_threads gauge
jvm_threads_states_threads{application="demo", state="waiting", } 11.0
jvm_threads_states_threads{application="demo", state="blocked", } 0.0
jvm_threads_states_threads{application="demo",state="timed-waiting",} 7.0
jvm_threads_states_threads{application="demo", state="runnable", } 14.0
jvm_threads_states_threads{application="demo", state="new", } 0.0
jvm_threads_states_threads{application="demo", state="terminated", } 0.0
```

5. 添加服务发现

（1）登录 Prometheus 控制台。

（2）在 Prometheus "监控"页面的顶部菜单栏，选择 Prometheus 实例所在的地域，单击目标 VPC 类型的 Prometheus 实例的名称。

（3）在左侧导航栏单击"设置"，在右侧页面单击"服务发现"页签。

（4）在"服务发现"页签可以通过以下两种方式添加服务发现。

方法一：修改默认服务发现。

① 在"默认服务发现"页签，依次单击"VPC"→"ECS"→"Service"→"Discovery"右侧的详情。

② 在"YAML 配置"对话框中修改以下内容，单击"确认"按钮。

将默认的端口 8888 改为实际的端口，例如，8080。参考图 7-24 将默认的路径/metrics 改为实际的路径，例如，/actuator/prometheus。

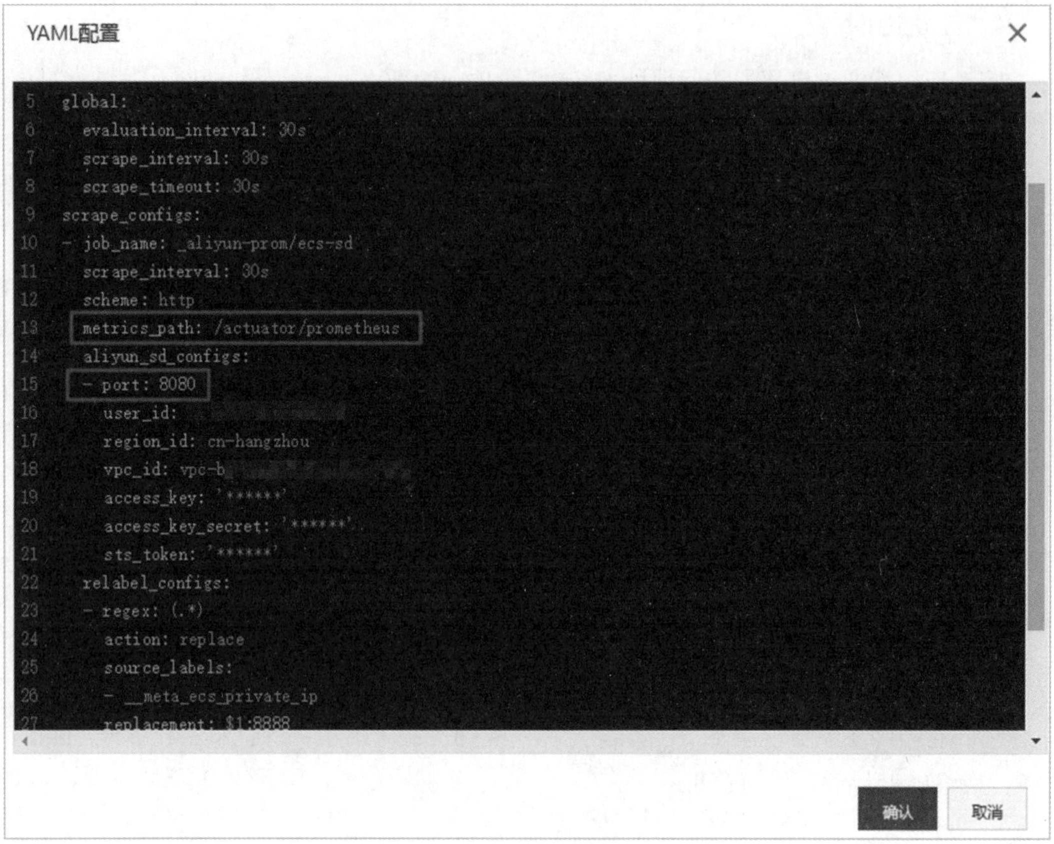

```
 5   global:
 6       evaluation_interval: 30s
 7       scrape_interval: 30s
 8       scrape_timeout: 30s
 9   scrape_configs:
10   - job_name: _aliyun-prom/ecs-sd
11       scrape_interval: 30s
12       scheme: http
13       metrics_path: /actuator/prometheus
14       aliyun_sd_configs:
15       - port: 8080
16         user_id:
17         region_id: cn-hangzhou
18         vpc_id: vpc-b
19         access_key: '******'
20         access_key_secret: '******'.
21         sts_token: '******'
22       relabel_configs:
23       - regex: (.*)
24         action: replace
25         source_labels:
26         - __meta_ecs_private_ip
27         replacement: $1:8888
```

图 7-24　修改为实际路径

此处会采集当前 VPC 网络下所有 ECS 实例上的 8080/actuator/prometheus 端点，并在阿里云的云服务器实例 ECS 管理控制台中为实例添加对应的标签，如图 7-25 所示。

图 7-25　为实例添加标签

方法二：自定义服务发现。

① 在"自定义服务"页签，单击"新增"。

② 在"新增"对话框中，输入采集的指标参数，单击"确定"按钮，如图 7-26 所示。

图 7-26　输入指标参数

6. 创建 Grafana 大盘

（1）在控制台左侧导航栏单击"大盘列表"。在"大盘列表"页面单击右上角的"创建大盘"。

（2）在左侧导航栏选择+>Import。在"Import"页面的"Import via grafana.com"文本框中，输入 Prometheus 提供的 JVM 大盘模板的 ID4701，在其右侧单击"Load"按钮，如图 7-27 所示。

图 7-27　Load JVM 大盘模板的 ID4701

（3）在 Prometheus 下拉列表中，选择 VPC 网络下的数据源，单击"Import"按钮。VPC 网络下的数据源名称格式为：vpc-****，如图 7-28 所示。

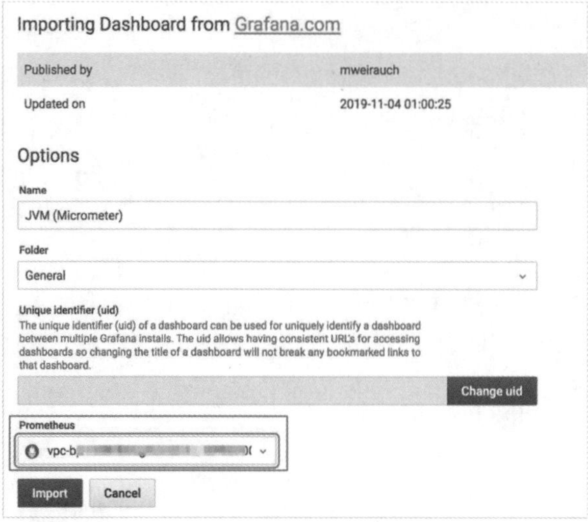

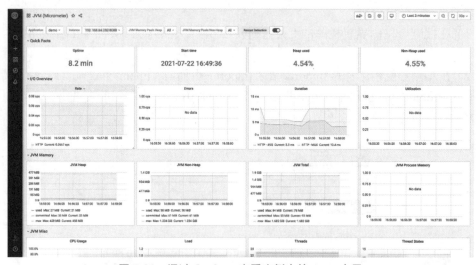

图 7-28　import 数据源

导入成功后即可查看 Grafana 大盘，如图 7-29 所示。

图 7-29　通过 Grafana 查看实例中的 Java 应用

在线测试

本任务测试习题包括填空题、选择题和判断题。

7.4 在线测试

技能训练

7.4.5　通过阿里云日志服务控制台采集实例日志

本次技能训练主要介绍如何通过阿里云的日志服务控制台采集云服务器的日志，并对日志进行查询与分析，具体内容包括以下几个步骤。

阿里数十万云服务器如何高效运维？

1. 前提条件

已创建可用的云服务器实例，并且在实例中已存在可被采集的数据日志。

2. 开通日志服务

登录阿里云日志服务控制台，根据页面提示，开通日志服务。

3. 创建 Project 和 Logstore

（1）登录日志服务控制台，创建 Project。

在创建 Project 面板中，按照如表 7-10 所示配置参数，其他参数均可保持默认配置。

表 7-10　Project 参数及描述

参数	描述
Project 名称	Project 的名称，全局唯一。创建 Project 成功后，无法更改其名称
所属地域	Project 的数据中心。建议选择与 ECS 相同的地域，即可使用阿里云内网采集日志，加快采集速度。创建 Project 后，无法修改其所属地域，且日志服务不支持跨地域迁移 Project

（2）创建 Logstore。

创建 Project 完成后，系统会提示用户创建一个 Logstore。在创建 Logstore 面板中，按照如表 7-11 所示配置参数，其他参数均可保持默认配置。

表 7-11　Logstore 参数及描述

参数	描述
Logstore 名称	Logstore 的名称，在其所属 Project 内必须唯一。创建 Logstore 成功后，无法更改其名称
Shard 数目	日志服务使用 Shard 读写数据。 一个 Shard 提供的写入能力为 5MB/s、500 次/s，读取能力为 10MB/s、100 次/s。如果一个 Shard 就能满足业务需求，则可配置 Shard 数目为 1
自动分裂 Shard	开启自动分裂功能后，如果写入的数据量超过已有 Shard 服务能力，则日志服务会自动根据数据量增加 Shard 数量。 如果确保配置的 Shard 数量已满足业务需求，则可关闭自动分裂 Shard 开关

4. 采集日志

（1）在接入数据区域，单击"分隔符"→"文本日志"。

（2）选择目标 Project 和 Logstore，单击"下一步"按钮。

（3）安装 Logtail。

在阿里云云服务器"ECS 机器"页签中，选中目标 ECS 实例，单击"立即执行"按钮，确认执行状态为成功后，单击"确认"按钮安装完毕。

（4）创建 IP 地址类型的机器组，单击"下一步"按钮。

（5）选中目标机器组，将该机器组从源机器组移动到应用机器组，单击"下一步"按钮。

（6）创建 Logtail 配置，单击"下一步"按钮。单击"下一步"按钮即表示创建 Logtail 配置完成，日志服务开始采集日志。

5. 查询与分析日志

（1）在 Project 列表区域，单击"目标 Project"。

（2）在"日志存储>日志库"页签中，单击"目标 Logstore"。

（3）输入查询与分析语句，选择时间范围，单击"查询/分析"。

例如，执行如下查询与分析语句统计最近 1 天访问 IP 地址的来源情况，并通过表格展示查询与分析结果。

① 查询与分析语句。

```
* | select count (1) as c, ip_to_province (remote_addr) as address group
by address limit 100
```

② 查询与分析结果。

如图 7-30 表示最近 1 天内有 329 个访问来自广东省，313 个访问来自北京市。日志服务支持通过可视化图表展示查询与分析结果。

图 7-30　查询与分析结果

单元 8　企业上云最佳实践

学习目标

越来越多的企业或个人用户选择将线下业务逐步搬迁到云上运行，在上云前企业用户必须先了解自身业务特点，做好云服务器的最佳选型。

企业业务上云之后，并不意味着万事大吉，往往只是开始，为更好地保障云上业务的运行，需做好云上运维保障，此外数据的安全与云上防护也变得越来越重要。

通过本单元的学习，读者可以从弹性计算、云上运维、存储数据安全和云上防护等方面了解并学习企业业务上云的种种最佳实践，因为篇幅关系，本单元只摘取了部分最佳实践作为内容。

8.1　弹性计算最佳实践

业务上云后资源
容量如何规划

任务描述

云服务器实例可以说是在公有云中扮演着云计算门户的作用，针对在公有云中弹性计算的各项日程运营、使用是一个值得不断实践以达到最优使用效果的过程。

在本任务中，小周需要学习并掌握云服务器选型的基本流程，并在此基础上了解在公有云云服务器中 FTP 站点使用的方法。

8.1.1　云服务器实例选型最佳实践

在阿里云中启动一台云服务器（ECS）实例前，企业或个人用户需要结合性能、价格、工作负载等因素，做出性价比与稳定性最优的决策。根据业务场景和 vCPU、内存、网络性能、存储吞吐等配置，阿里云 ECS 提供了多种实例规格族，一种实例规格族又包括多个实例规格。实例规格族名称格式为 ecs.<规格族>，实例规格名称格式为 ecs.<规格族>.<nx>large，例如，ecs.g6.2xlarge 表示通用型 g6 规格族中的一个实例规格，拥有 8 个 vCPU 核。相比于 g5 规格族，g6 为新一代通用型实例规格族。

1. 根据使用场景挑选

图 8-1 中展示了阿里云 ECS 部分通用计算实例规格族及其对应的业务场景。

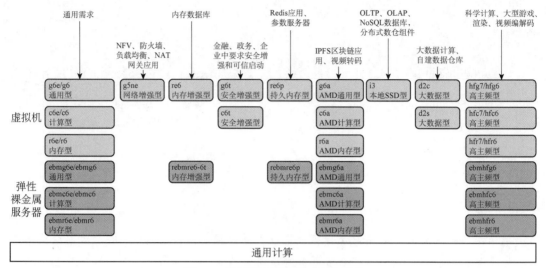

图 8-1　阿里云通用计算实例规格族

2. 根据典型应用推荐

如果用户使用的是类似于图 8-2 中的软件或应用，可以挑选右侧对应的实例规格族。

Web服务器	Apache	Nginx		计算型	c系列
中间件	SpringCloud	Dubbo	WebSphere	通用型	g系列
应用服务器	JBoss	Tomcat	jetty	通用型	g系列
缓存	Redis	Memcache		内存型	r系列
数据库	MySQL	NoSQL		内存型/本地SSD型	r系列、i系列
大数据	HDFS	MapReduce	Spark	大数据型	d系列
AI机器学习	MXNet	TensorFlow	Caffe	GPU计算型	gn6v等

图 8-2　典型应用推荐规格

3. 自建服务的选型推荐

如果是自建服务，则可以根据具体的应用，并参考选型原则，选择对应的实例规格族，如表 8-1 所示。

表 8-1　自建服务的选型推荐

类型	常见应用	选型原则	推荐规格
负载均衡	Nginx	应用特点：需要支持高频率的新建连接操作。 CPU 计算能力：要求较高。 内存：要求不高	阿里云 c6e、hfc7、g5ne 系列
RPC 产品	SOFA Dubbo	应用特点：网络链接密集型；进程运行时需要消耗较高的内存	e、g6 系列

（续表）

类型	常见应用	选型原则	推荐规格
缓存	Redis Memcache Solo	CPU 计算能力：要求不高。 内存：要求较高	6e、re6 系列
配置中心	ZooKeeper	在应用启动协商时会有大量 I/O 读写操作	c6e、c6 系列
消息队列	Kafka RabbitMQ	从消息完整性方面考虑，存储优先选用云盘	c6e、c6 系列
容器编排	Kubernetes	通过弹性裸金属服务器和容器组合，可以最大限度挖掘计算潜能	ebmc6e、ebmg6e、ebmc6、ebmg6 系列
数据库	MySQL NoSQL	于存储有弹性扩展的需求，可以选择 ECS 和 ESSD。 对于 I/O 敏感型业务的需求，优先选择 i 系列	c6e、g6e、r6e 系列
文本搜索	Elasticsearch	选用内存与 vCPU 配比较大的 ECS 规格。 日常需要将数据库数据导出成 ES 文件，对 I/O 读写有要求。 实例规格：g6e、g6 系列	d2c、d2s 系列

4. 通用场景、游戏服、视频直播场景推荐

在该类场景中，性能需求表现为 CPU 计算密集型，需要相对均衡的处理器与内存资源配比，通常选用 CPU 与内存的配比为 1：2，系统盘选用高效云盘，数据盘选用 SSD 云盘或者 ESSD 云盘。如果业务需要更强的网络性能，如视频弹幕等，则可以选用同系列中更高规格的实例规格，提高网络收发包能力（PPS）。

通用场景等推荐规格如表 8-2 所示。

表 8-2　通用场景等推荐规格

场景分类	场景细分	推荐规格族	性能需求	处理器与内存比
通用应用	均衡性能应用，后台应用	g 系列，如 g6e	中主频，计算密集型	1：4
	高网络收发包应用	g 系列，如 g6e	高网络 PPS，计算密集型	1：4
	高性能计算	hfc 系列，如 hfc7	高主频，计算密集型	1：2
游戏应用	高性能端游	hfc 系列，如 hfc7	高主频	1：2
	手游、页游	g 系列，如 g6e	中主频	1：4
视频直播	视频转发	g 系列，如 g6e	中主频，计算密集型	1：4
	直播弹幕	g 系列，如 g6e	高网络 PPS，计算密集型	1：4

5. 数据库、缓存、搜索场景推荐

在该类场景中，实例规格的处理器与内存配比一般要求高于 1：4，部分软件对存储 I/O 读写能力及时延性能较为敏感，建议选用单位内存性价比较高的规格族。

数据库等场景推荐如表 8-3 所示。

表 8-3　数据库等场景推荐

场景分类	场景细分	推荐规格族	处理器与内存比	数据盘
关系型数据库	高性能，依赖应用层高可用	i 系列	1：4	本地 SSD 存储、高效云盘、SSD 云盘
	中小型数据库	g 系列，或其他内存占比为 1：4 的规格族	1：4	高效云盘、SSD 云盘
	高性能数据库	r 系列	1：8	高效云盘、SSD 云盘

（续表）

场景分类	场景细分	推荐规格族	处理器与内存比	数据盘
分布式缓存	中内存消耗场景	g 系列，或其他内存占比为 1∶4 的规格族	1∶4	高效云盘、SSD 云盘
	高内存消耗场景	r 系列	1∶8	高效云盘、SSD 云盘
NoSQL 数据库	高性能，应用层高可用	i 系列	1∶4	本地 SSD 存储、高效云盘、SSD 云盘
	中小型数据库	g 系列，或其他内存占比为 1∶4 的规格族	1∶4	高效云盘、SSD 云盘
	高性能数据库	r 系列	1∶8	高效云盘、SSD 云盘
ElasticSearch	小集群，靠云盘保证数据高可用	g 系列，或其他内存占比为 1∶4 的规格族	1∶4	高效云盘、SSD 云盘
	大集群，高可用	d 系列	1∶4	本地 SSD 存储、高效云盘、SDD 云盘

6. Hadoop、Spark、Kafka 大数据场景推荐

在该类场景中，由于涉及不同的节点，性能需求表现较为复杂，需要均衡各个节点的性能表现，包括计算、存储吞吐、网络性能等。

（1）管理节点：当作通用场景处理。

（2）计算节点：当作通用场景处理，请参见通用场景、游戏服、视频直播场景推荐。

（3）数据节点：需要高存储吞吐、高网络吞吐、均衡的处理器与内存配比。

当用户完成选型并开始使用阿里云云服务器实例后，建议根据一段时间的性能监控信息，验证所选实例规格是否合适。比如，假设用户选择了 ecs.g6e.xlarge，通过监控发现实例 CPU 的使用率一直较低，建议登录实例检查内存占用率是否较高，如果内存占用较高，则可以调整为处理器与内存资源配比更合适的规格族。大数据场景推荐规格如图 8-3 所示。

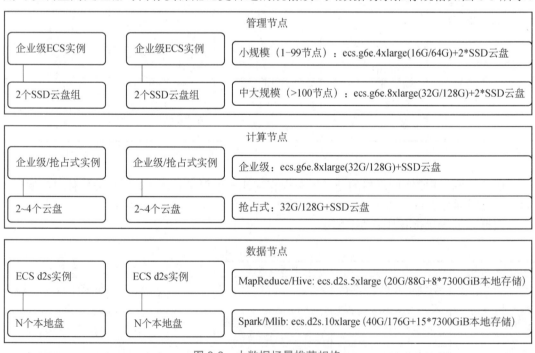

图 8-3　大数据场景推荐规格

8.1.2　手动搭建 FTP 站点

企业业务迁移到
云上的最佳实践

VSFTPD（Very Secure FTP Daemon）是 Linux 下的一款小巧轻快、安全易用的 FTP 服务器软件。FTP（File Transfer Protocol）是一种文件传输协议，基于客户端/服务器架构，支持以下两种工作模式。

主动模式：客户端向 FTP 服务器发送端口信息，由服务器主动连接该端口。

被动模式：FTP 服务器开启并发送端口信息给客户端，由客户端连接该端口，服务器被动接收连接。

本实践内容介绍如何在 Linux 实例上安装并配置 VSFTPD，并在被动模式下，使用本地用户访问 FTP 服务器的配置方法。

1. 前提条件

已创建阿里云云服务器实例并为实例分配了公网 IP 地址。

2. 安装 VSFTPD

（1）远程连接 Linux 实例。

（2）运行以下命令安装 VSFTPD。

```
[root@localhost ~]# yum install -y vsftpd
```

当出现如图 8-4 所示界面时，表示安装成功。

```
Total download size: 169 k
Installed size: 348 k
Downloading packages:
vsftpd-3.0.2-21.el7.x86_64.rpm                               | 169 kB  00:00:00
Running transaction check
Running transaction test
Transaction test succeeded
Running transaction
  Installing : vsftpd-3.0.2-21.el7.x86_64                                    1/1
  Verifying  : vsftpd-3.0.2-21.el7.x86_64                                    1/1

Installed:
  vsftpd.x86_64 0:3.0.2-21.el7

Complete!
[root@i            Z ~]#
```

图 8-4　安装 vsftpd

（3）运行以下命令设置 FTP 服务开机自启动。

```
[root@localhost ~]# systemctl enable vsftpd.service
```

（4）运行以下命令启动 FTP 服务。

```
[root@localhost ~]# systemctl start vsftpd.service
```

（5）运行以下命令查看 FTP 服务监听的端口。

```
[root@localhost ~]# netstat -antup | grep ftp
```

出现如图 8-5 所示界面，表示 FTP 服务已启动，监听的端口号为 21。

```
[root@iZb          6cZ vsftpd]# systemctl enable vsftpd.service
[root@iZb          6cZ vsftpd]# systemctl start vsftpd.service
[root@iZb          6cZ vsftpd]# netstat -antup | grep ftp
tcp6       0       0 :::21                    :::*            LISTEN       9379/vsftpd
```

图 8-5　FTP 服务启动

3. 配置 VSFTPD

为保证数据安全，本实践内容主要介绍在被动模式下，使用本地用户访问 FTP 服务器的配置方法。

（1）运行以下命令为 FTP 服务创建一个 Linux 用户。本示例中，该用户名为 ftptest。

```
[root@localhost ~]# adduser ftptest
```

（2）运行以下命令修改 ftptest 用户的密码。

```
[root@localhost ~]# passwd ftptest
```

（3）运行以下命令创建一个供 FTP 服务使用的文件目录，并在目录下创建文件。该测试文件用于 FTP 客户端访问 FTP 服务器时使用。

```
[root@localhost ~]# mkdir /var/ftp/test
[root@localhost ~]# touch /var/ftp/test/testfile.txt
```

（4）运行以下命令更改/var/ftp/test 目录的拥有者为 ftptest。

```
[root@localhost ~]# chown -R ftptest: ftptest /var/ftp/test
```

（5）修改 vsftpd.conf 配置文件。

打开 vsftpd.conf 的配置文件，配置 FTP 服务器为被动模式。

```
#除下面提及的参数，其他参数保持默认值即可。
#修改下列参数的值：
#禁止匿名登录 FTP 服务器。
anonymous_enable=NO
#允许本地用户登录 FTP 服务器。
local_enable=YES
#监听 IPv4 sockets。
listen=YES
#在行首添加#注释掉以下参数：
#关闭监听 IPv6 sockets。
#listen_ipv6=YES
#在配置文件的末尾添加下列参数：
#设置本地用户登录后所在目录。
local_root=/var/ftp/test
#全部用户被限制在主目录。
chroot_local_user=YES
```

```
#启用例外用户名单。
chroot_list_enable=YES
#指定例外用户列表文件，列表中用户不被锁定在主目录。
chroot_list_file=/etc/vsftpd/chroot_list
#开启被动模式。
pasv_enable=YES
allow_writeable_chroot=YES
#本教程中为 Linux 实例的公网 IP。
pasv_address=<FTP 服务器公网 IP 地址>
#设置在被动模式下建立数据传输可使用的端口范围的最小值。
#建议把端口范围设置在一段比较高的范围内，例如 50000~50010，有助于提高访问 FTP 服务器的
安全性。
pasv_min_port=<port number>
#设置在被动模式下建立数据传输可使用的端口范围的最大值。
pasv_max_port=<port number>
```

（6）创建 chroot_list 文件，并在文件中写入例外用户名单。

运行以下命令，创建 chroot_list 文件。

```
[root@localhost ~]# vim /etc/vsftpd/chroot_list
```

输入例外用户名单，此名单中的用户不会被锁定在主目录，可以访问其他目录。

（7）运行以下命令重启 VSFTPD 服务。

```
[root@localhost ~]# systemctl restart vsftpd.service
```

4. 设置安全组

搭建好 FTP 站点后，在实例安全组的入方向添加规则并放行下列 FTP 端口：被动模式
需开放 21 端口，以及配置文件/etc/vsftpd/vsftpd.conf 中参数 pasv_min_port 和 pasv_max_port
之间的所有端口。配置详情如表 8-4 所示。

表 8-4　安全组配置详情

规则方向	授权策略	协议类型	端口范围	授权对象
入方向	允许	自定义 TCP	21/21	所有要访问 FTP 服务器的客户端公网 IP 地址，多个地址之间用逗号隔开。 允许所有客户端访问时，授权对象为 0.0.0.0/0
入方向	允许	自定义 TCP	pasv_min_port/pasv_max_port。 例如：50000/50010	同上

5. 客户端测试

FTP 客户端、Windows 命令行工具或浏览器均可用来测试 FTP 服务器。本实践内容以
Windows Server 2012 R2 64 位系统的本地主机作为 FTP 客户端，下面介绍 FTP 服务器的访
问步骤。

（1）在本地主机，打开这台计算机。

（2）在地址栏中输入 ftp：//<FTP 服务器公网 IP 地址>：FTP 端口，这里为 Linux 实例的公网 IP 地址。例如，ftp：//121.43.XX.XX：21。

（3）在弹出的登录身份对话框中，输入已设置的 FTP 用户名和密码，单击"登录"按钮。

登录后，可以查看 FTP 服务器指定目录下的文件，例如，测试文件 testfile.txt，如图 8-6 所示。

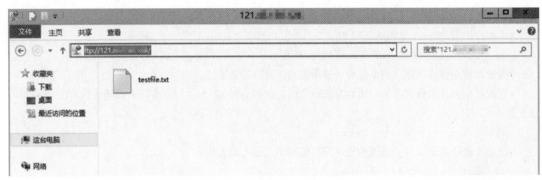

图 8-6　查看 FTP 文件

8.2　云上运维最佳实践

企业云安全的
6 个最佳实践

任务描述

如何最大限度地保障云上数据安全是公有云用户最为关心的问题，同时也是各个公有云服务提供商孜孜不倦地投入精力加大力度去运维保障的重点。

在本任务中，小周需要了解公有云中保障数据安全的基本措施，如提供数据备份与恢复的技术方案。另外还要学习并掌握云服务器中快照、镜像的主要功能及使用方法。

8.2.1　灾备方案

保障企业业务稳定、IT 系统功能正常、数据安全十分重要，可以同时保障数据备份与系统、应用容灾的灾备解决方案应势而生，且发展迅速。云服务器实例使用快照、镜像进行备份。

1. 灾备设计

1）快照备份

阿里云云服务器实例可使用快照进行系统盘、数据盘的备份。目前，阿里云提供快照 2.0 服务，提供了更高的快照额度、更灵活的自动任务策略，并进一步降低了对业务 I/O 的影响。快照备份实行增量原理，第一次备份为全量备份，后续为增量备份。增量快照具有快速创建以及存储容量小的优点。备份所需时间与待备份的增量数据体积有关。

例如，在图 8-7 中，快照 1、快照 2 和快照 3 分别是磁盘的第一份、第二份和第三份快照。文件系统对磁盘的数据进行分块检查，当创建快照时，只有变化了的数据块，才会被复制到快照中。阿里云 ECS 的快照备份可配置为手动备份，也可配置为自动备份。配置为自动备份后可以指定磁盘自动创建快照的时间（24 个整点）、重复日期（周一到周日）和保留时间（可自定义，范围是 1～65536 天，或选择永久保留）。

图 8-7　阿里云快照备份

2）快照回滚

当系统出现问题，需要将一块磁盘的数据回滚到之前的某一时刻时，可以通过快照回滚实现，前提是该磁盘已经创建了快照。

3）镜像备份

镜像文件相当于副本文件，该副本文件包含了一块或多块磁盘中的所有数据，对于 ECS 而言，这些磁盘可以是单个系统盘，也可以是系统盘加数据盘的组合。使用镜像备份时，镜像备份均是全量备份，且只能手动触发。

4）镜像恢复

阿里云云服务器实例支持使用快照创建自定义镜像，将快照的操作系统、数据环境信息完整地包含在镜像中，并使用自定义镜像创建多台具有相同操作系统和数据环境信息的实例。

2．技术指标

技术一般分为 RTO 和 RPO，与数据量大小有关，通常而言是小时级别。

3．应用场景

1）备份恢复

阿里云云服务器实例可通过快照与镜像对系统盘、数据盘进行备份。如果存储在磁盘上的数据本身就是错误的数据，例如，由于应用错误导致的数据错误，或者黑客利用应用漏洞进行恶意读写，此时就可以使用快照服务将磁盘上的数据恢复到期望的状态。

2）容灾应用

云服务器实例可以从架构上实现容灾场景下的应用。例如，在应用前端购买阿里云负载均衡产品，在后端相同应用至少应部署两台云服务器，或者使用阿里云的弹性伸缩技术，根据自定义云服务器自身资源的使用规则进行弹性扩容。这样即便其中一台云服务器发生故障或者资源利用超负荷，也不会使服务对外终止，从而实现容灾场景下的应用。图 8-8 以同城两可用区机房部署云服务器集群为例，所有通信均在阿里云千兆内网中完成，响应快速并减少了公网流量费用。

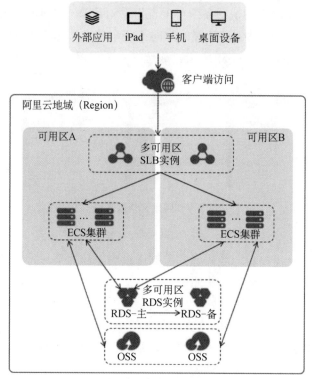

图 8-8　容灾应用实例

3）云服务器集群

可用区机房部署的云服务器节点是对等的，单节点故障不影响数据层应用和服务器管控功能。发生故障后系统会自动热迁移，另外的云服务器节点可以持续提供业务访问，防止可能的单点故障或者热迁移失败导致的业务访问中断。

8.2.2　基于快照与镜像功能迁移实例数据

在公有云产品中，快照服务的应用场景非常广泛，它是一种无代理的数据备份方式，可以为所有类型的云硬盘创建一致性快照，用于备份或者恢复整个云硬盘。快照可以理解为某一时间点云硬盘数据状态的备份文件，通常情况下云硬盘第一份快照是实际使用量的全量快照，后续创建的快照均是增量快照，存储的是产生变化的数据。

镜像是创建云服务器实例的基础条件，在阿里云中，镜像提供了创建云服务器实例所需的信息，因此在创建实例时，使用者必须选择一个镜像。简单来说，系统镜像相当于系统的副本文件，文件中包含了上一块云硬盘的所有数据。

企业或普通用户创建云服务器实例后，随着实例中的数据不断变化，而在最早时间创建的云服务器实例可能出现无法新增资源补给等问题，进而影响对云上业务的运维。因此阿里云建议使用者可以通过快照、镜像功能，将源云服务器上的数据迁移至新创建的目标云服务器实例上，以保障云上业务的最佳运维效率。

1. 注意事项

在将源云服务器上的数据迁移至新创建的目标云服务器实例上之前，使用者需要了解以下注意事项，确认无误后再进行云服务器实例的数据迁移操作。

（1）部分包含本地盘的实例无法创建快照，因此该部分实例不支持数据迁移。

（2）新建目标云服务器实例时，仅支持创建专有网络类型的实例。

（3）新建目标云服务器实例时，仅支持选择当前可用区下有库存的实例规格。

（4）由于该操作是通过快照与镜像功能完成的实例数据迁移操作，因此数据迁移后，新创建的目标云服务器实例中云硬盘数据与源云服务器中的云硬盘数据保持一致，但新创建的目标云服务器的元数据会重新生成，与源云服务器实例中的实例元数据相比较会发生变化。

2. 为源云服务器实例创建自定义镜像

首先，在创建自定义镜像期间，阿里云系统会对云服务器实例的各个云硬盘自动创建快照，此时快照创建操作会产生一定的费用，具体操作步骤如下：

（1）登录阿里云 ECS 管理控制台。在左侧导航栏，选择"实例与镜像"→"实例"。

（2）在顶部菜单栏左上角处，选择地域。

（3）找到源 ECS 实例，在"操作"列，选择"更多"→"云盘和镜像"→"创建自定义镜像"。

（4）在"创建自定义镜像"对话框中，完成配置，单击"创建"按钮。

（5）在左侧导航栏，选择"实例与镜像"→"镜像"。

（6）在"自定义镜像"页签，找到并查看已创建的自定义镜像状态，如图 8-9 所示。

图 8-9   查看已创建的自定义镜像

3. 使用自定义镜像新建目标 ECS 实例

（1）在左侧导航栏，选择"实例与镜像"→"镜像"。

（2）在顶部菜单栏左上角处，选择地域。如果自定义镜像是跨地域复制的镜像，则需要先将地域切换至目标地域。

（3）在"自定义镜像"页签，找到基于源 ECS 实例创建的自定义镜像。

（4）在"操作"列，单击"创建实例"。

（5）在云服务器 ECS 的购买页面，完成资源配置，新建目标 ECS 实例。需要注意以下配置项：

① 在基础配置中的镜像区域以及存储区域，已经默认指定了自定义镜像与云盘的信息

则无须更改，如图 8-10 所示。

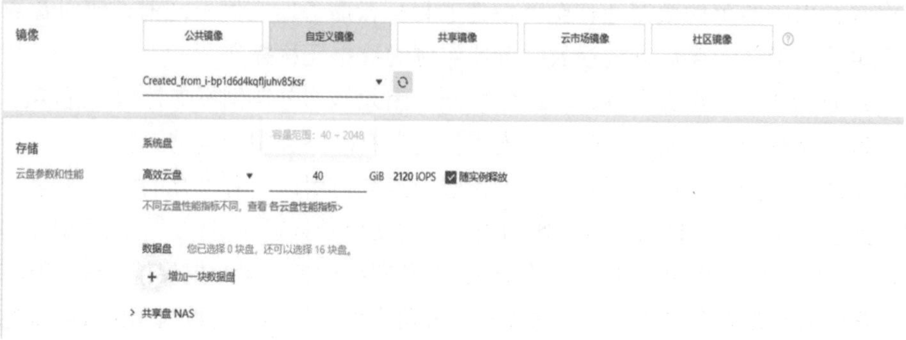

图 8-10　自定义镜像已默认选择

② 在系统配置的登录凭证区域，选择"使用镜像预设密码"，如图 8-11 所示。

图 8-11　登录凭证方式为使用镜像预设密码

4. 检查新创建的目标 ECS 实例内的数据

在完成上面步骤后，成功创建目标云服务器实例，之后需要使用者检查这台新建目标实例中的数据情况，确保实例数据迁移后，业务功能仍可流畅运行，通常，包含以下两个检查点：

（1）结合源实例内数据存储的情况，检查新创建的目标 ECS 实例内数据是否完整。

（2）对比源 ECS 实例与新创建的目标 ECS 实例相关的资源信息变化，并自行修改已配置的资源关联关系。

8.3　对象存储数据安全实践

任务描述

对象存储是一款海量、安全、低成本、高可靠的云存储服务，可提供 99.9999999999%（12 个 9）的数据持久性，99.995%的数据可用性。对象存储的应用场景广泛，如图片和音视频等应用的海量存储、网页或者移动应用的静态和动态资源分离与云端数据处理等。

针对对象存储数据的安全性保障，一般分为数据备份和容灾。在本任务中，小周基于当下使用最流行的 AWS S3 存储，了解 AWS S3 存储数据如何实现迁移至阿里云的过程。接着了解为降低账号密码泄露等风险所采取的最佳实践。

8.3.1　从 AWS S3 上的应用无缝切换至阿里云对象存储

Amazon Simple Storage Service（简称为 Amazon S3）是由美国亚马逊公司研发并推出

的一种对象存储服务。通常认为 Amazon AWS S3 是一个公开的服务，Web 应用程序开发人员可以使用它存储数字资产，包括图片、视频、音乐和文档。S3 提供一个 RESTful API 以编程方式实现与该服务的交互。理论上，AWS S3 是一个全球存储区域网络（SAN），它表现为一个超大的硬盘，各种用户可以在其中存储和检索数据。

阿里云对象存储（OSS）是阿里云自研的一种安全、低成本、高持久性的云存储服务，在企业或个人用户购买对象存储（OSS）产品之后，使用者可以通过阿里云提供的 API、SDK 接口或者迁移工具轻松地将海量数据移入或移出阿里云对象存储中。

阿里云对象存储提供了 S3 API 的兼容性，可以将各种数据从 AWS S3 无缝迁移至阿里云对象存储中。

1. 注意事项

在正式操作数据迁移之前，有两个注意事项需要明确。

（1）阿里云的对象存储（OSS）兼容标准的 AWS S3 协议，因此可以直接通过 S3 SDK 进行创建 Bucket、上传 Object 等相关操作。

（2）完成从 AWS S3 迁移到阿里云对象存储后，用户仍然可以使用 S3 API 访问阿里云对象存储上的数据，仅需要对 S3 的客户端应用进行如下改动：

① 获取阿里云账号或 RAM 用户的 AccessKey ID 和 AccessKey Secret，并在使用的客户端和 SDK 中配置所申请的 AccessKey ID 与 AccessKey Secret。

② 设置客户端连接的 Endpoint 为阿里云对象存储 Endpoint。

2. 准备工作

（1）预估 AWS S3 迁移数据。

预估需要迁移的数据，包括迁移存储量和迁移文件个数。用户可以打开 AWS 的 CloudWatch 控制台，选择 S3，查看需要迁移的存储桶内文件大小及数量，如图 8-12 所示。

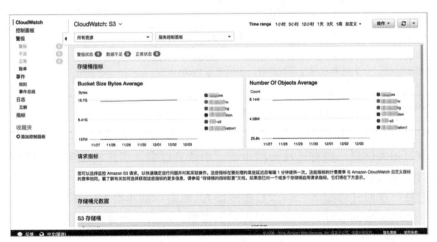

图 8-12　查看当前数据量

（2）解冻源存储中待迁移数据。

对于已经处于归档类型的数据，首先进行解冻操作，待解冻完成后再创建迁移任务。在线迁移服务并不会对源端数据执行解冻操作。

（3）创建用于迁移的访问密钥。

可以在 AWS 控制台的"IAM"页面创建用户并授予 AmazonS3ReadOnlyAccess 权限，然后创建访问密钥。

（4）在阿里云对象存储中创建目标存储空间（Bucket），用于存放迁移的数据。

（5）创建阿里云访问控制（RAM）子账号并授予相关权限，具体过程可以分成以下几个子步骤：

① 登录 RAM 控制台。在左侧导航栏，单击"人员管理"→"用户"→"创建用户"。

② 选中控制台密码登录和编程访问，之后填写用户账号信息。

③ 保存生成的账号、密码、AccessKeyID 和 AccessKeySecret。

④ 选中用户登录名称，单击"添加权限"，授予子账号存储空间读写权限（Aliyun OSS Full Access）和在线迁移管理权限（Aliyun MGW Full Access）。

⑤ 授权完成后，在左侧导航栏，单击"概览"→"用户登录地址链接"，使用刚创建的 RAM 子账号的用户名和密码进行登录。

3. 数据迁移实施

1）创建源地址

（1）登录阿里云数据在线迁移控制台。

（2）选择"在线迁移服务"→"数据地址"，单击"创建数据地址"。

（3）在"创建数据地址"页面，配置如表 8-4 所示参数，单击"确定"按钮。

表 8-4 源地址参数

参数	说明
数据类型	选择 AWS S3
数据名称	输入 3～63 位字符。不支持短横线（-）和下画线（_）之外的特殊字符
Endpoint	填写源地址所在的地域
Bucket	AWS S3 空间名称（Bucket 名称）
Prefix	1. 迁移全部数据。迁移整个 Bucket 中的数据。 选择迁移全部数据时，无须填写 Prefix 2. 迁移部分数据。迁移指定目录（前缀）的文件
AccessKeyId SecretAccessKey	输入用于迁移的访问密钥。迁移完成后删除

（4）填写相关信息，提交迁移公测申请。申请通过后，用户将收到短信提醒。

2）创建目的地址

（1）选择"在线迁移服务"→"数据地址"，单击"创建数据地址"。

（2）在"创建数据地址"页面，配置相关参数，单击"确定"按钮。

3）创建迁移任务

（1）选择"在线迁移服务"→"迁移任务"，单击"创建迁移任务"。

（2）在"创建迁移任务"页面，阅读迁移服务条款协议，勾选"我理解如上条款，并申请开通数据迁移服务"，单击"下一步"按钮。

（3）在"配置任务"页签，配置如表 8-5 参数，并单击"下一步"按钮。

表 8-5 配置迁移任务参数

参数	说明
任务名称	输入 3~63 位小写字母、数字、短画线（-），且不能以短画线（-）开头或结尾
源地址	选择已创建的源地址
目的地址	选择已创建的目的地址
迁移方式	1. 全量迁移 迁移指定起点时间之后的全量数据，数据迁移完成后任务结束 2. 增量迁移 按设定的增量迁移间隔和增量迁移次数执行迁移任务。首次迁移时根据起点时间迁移指定起点时间之后的全量数据
迁移起点时间	1. 迁移全部 迁移所有时间的文件 2. 指定时间 只迁移指定时间之后创建或修改的文件
增量迁移间隔	默认值 1 小时，最大值 24 小时
增量迁移次数	默认值 1 次，最大值 30 次

（4）在"性能调优"页签的"数据预估"区域，填写迁移存储量和迁移文件个数。

（5）单击"创建"，等待迁移任务完成。

4. 迁移后续操作

1）查看迁移任务状态

迁移任务创建后，有以下 4 种状态。

● 迁移中：数据正在迁移中，请耐心等待。

● 创建失败：迁移任务创建失败，可以查看失败原因，重新创建迁移任务。

● 已完成：迁移任务完成，可以查看迁移报告。

● 失败：迁移任务失败，可以生成并查看迁移报告，之后重新迁移失败的文件。

2）查看迁移报告

（1）打开迁移任务列表，单击对应任务的"管理"。

（2）单击"生成迁移报表"按钮。待报告生成后，单击"导出"，导出迁移报告。

在迁移报告中，文件列表一栏包含三个文件名：

● 以_total_list 结尾的文件名代表总迁移文件列表。

● 以_completed_list 结尾的文件名代表已迁移完成文件列表。

● 以_error_list 结尾的文件代表迁移失败文件列表。

（3）在对象存储 OSS 控制台，找到自动生成的文件夹 aliyun_mgw_import_report/，其中包含迁移报告中列出的三个文件。

5. 迁移成功后通过 S3 API 访问阿里云对象存储

从 AWS S3 迁移到阿里云对象存储后，使用者可以通过使用 S3 API 访问阿里云对象存储上的数据，但是需要注意以下几点：

（1）Virtual Hosted Style 是指将 Bucket 置于 Host Header 的访问方式。基于安全考虑，OSS 仅支持 Virtual Hosted 访问方式。所以在 S3 迁移至 OSS 后，客户端应用需要进行相应设置。部分 S3 工具默认使用 Path Style，它也需要进行相应配置，否则可能导致 OSS 报错，并禁止访问。

（2）阿里云对象存储对 ACL（存储空间或者文件的权限）的定义与 S3 不完全一致，迁移后如有需要，可对权限进行相应调整。

（3）阿里云对象存储服务支持标准（Standard）、低频访问（IA）和归档存储（Archive）三种存储类型，分别对应 AWS S3 中的 STANDARD、STANDARD_IA 和 GLACIER。

8.3.2 降低因账号密码泄露带来的未授权访问风险

海量运营数据存储在云端，所带来的好处自然很多，但是如果遇到因为个人或者企业账号密码泄露引发未经授权的访问，可能会出现外部用户恶意对对象存储上的资源进行违法操作，造成数据泄露。或者内部合法用户以未授权的方式对对象存储资源执行访问，这也会给数据安全带来极大的威胁。

基于此，阿里云对象存储服务提供了在实施数据安全保护时需要考虑的多种安全最佳实践。

1. 阻止公共访问权限

除非数据生产及拥有者有明确要求包括匿名访问者在内的任何人都能读写数据资源，包括存储空间（Bucket）以及文件（Object），否则请勿将 Bucket 或者 Object 的读写权限 ACL 设置为公共读（public-read）或者公共读写（public-read-write）。设置公共读或者公共读写权限后，对访问者的权限说明如下。

1）公共读写

任何人（包括匿名访问者）都可以对该 Bucket 内的 Object 进行读写操作。

2）公共读

只有该 Bucket 的拥有者可以对该 Bucket 内的 Object 进行写操作，任何人（包括匿名访问者）都可以对该 Bucket 内的 Object 进行读操作。

鉴于公共读或者公共读写权限对对象存储资源带来的数据安全风险考虑，阿里云建议将 Bucket 或者 Object 读写权限设置为私有（private）。设置为私有权限后，只有该 Bucket 拥有者可以对该 Bucket 以及 Bucket 内的 Object 进行读写操作，其他人均无访问权限。

2. 避免明文使用 AccessKey 或本地加密存储 AccessKey

企业或个人的业务代码中明文使用 AccessKey 会由于各种原因的代码泄露导致 AccessKey 泄露。

另外，本地加密存储 AccessKey 也并不安全，原因是数据的加解密内容会存放在内存中，而内存中的数据可以被转储。尤其是移动 App 和 PC 桌面应用极易出现此类问题，攻击者只需要使用某些注入、API HOOK、动态调试等技术，就可以获取到加解密后的数据。

3. 启用多因素认证

多因素认证（Multi Factor Authentication，MFA）是一种简单有效的最佳安全实践。启用 MFA 后，登录阿里云控制台时需要输入账号密码和 MFA 设备实时生成的动态验证码，在账号密码泄露时也可以阻止未授权访问，提高账号安全性。

4. 临时访问权限管理服务

可以通过阿里云的临时访问权限管理服务给其他用户颁发一个临时访问凭证。该用户可使用临时访问凭证在规定时间内访问对象存储资源。临时访问凭证无须透露数据拥有者的长期密钥，从而使对象存储资源访问更加安全。

使用临时访问权限管理服务授权用户直接访问 OSS 的流程如图 8-13 所示。

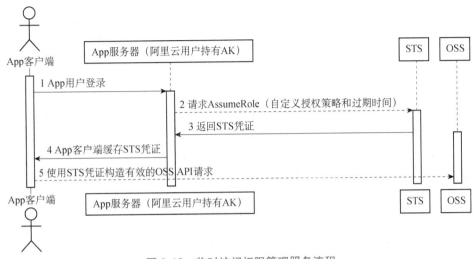

图 8-13　临时访问权限管理服务流程

5. Bucket Policy

Bucket Policy 是阿里云对象存储服务推出的一种针对存储 Bucket 层面的授权策略，使用者可以通过 Bucket Policy 授权其他用户访问指定的对象存储资源。通过 Bucket Policy，可以授权另一个账号访问或管理整个 Bucket 或 Bucket 内的部分资源，或者对同账号下的不同访问控制用户授予访问或管理 Bucket 资源的不同权限。

公有云带来广播电视行
业的运维变革

中小型企业电商网站如
何安全高效上云

在线教育平台如何实现
Web 统一安全防护

传统行业利用 Kubernetes
缩短业务上线周期

医学上云为万千患者健康
插上数字翅膀

8.4　云防火墙最佳实践

任务描述

安全是公有云架构的重中之重。随着云计算的日益普及，其面临的安全问题也越来越严峻。

导师多次对小周强调云上业务、数据安全性的重要意义，小周对此不曾懈怠，对如何做好云上安全防护领域的知识也一直不断深入挖掘学习。在本任务中，小周为更好地理解云上安全防护在实际应用中的表现，首先了解为保障云上业务安全所采取的系统安全防御措施，其次学习并了解云服务器中如何通过云防火墙阻止安装非法工具。

8.4.1　系统安全防御最佳实践

系统安全是云上业务安全稳定运行的重要因素之一，随着公有云上的数据量爆发式增长，带来的网络数据安全对抗也变得愈演愈烈，如自动化攻击、蠕虫、勒索、挖矿、APT 等攻击形式逐渐增多。

现如今默认安装的系统存在以下安全威胁，易导致系统被入侵。

1）系统配置不合理

端口开放不当：开放不必要的服务和应用，增加攻击面。

弱口令：易遭受暴力破解，造成系统被入侵。

策略配置：系统安全策略弱或未配置安全策略。

2）系统漏洞或补丁缺失

命令执行漏洞：任意命令执行，导致系统被入侵。

拒绝服务漏洞：系统拒绝服务，造成业务中断。

信息泄露漏洞：数据泄露。

1. 代表案例——Samba 远程代码执行

Samba 是运行于 Linux 和 UNIX 系统中实现 SMB 协议的软件，可以在不同计算机之间提供文件及打印机等资源的共享服务。

Samba 服务器软件存在远程执行代码漏洞。攻击者可以利用客户端将指定库文件上传到具有可写权限的共享目录，会导致服务器加载并执行指定的库文件。

1）漏洞影响范围

安装 Samba 软件的 Linux 或 UNIX 系统。

Samba 版本：4.6.4、4.5.10、4.4.14。

2）漏洞主要危害

命令执行：通过远程代码执行，造成服务器的沦陷和信息泄露。

业务中断：存在利用此漏洞进行传播的蠕虫 SambaCry，成功感染后会进行挖矿，大量占用服务器计算资源，从而可能导致服务不可用或正常业务的中断。

2. 阿里云云防火墙如何防御系统入侵

阿里云安全在系统漏洞攻防实战中进行了长期的跟踪和研究，积累了大量的攻防经验，并转化为防御规则，有力提升了云防火墙对系统安全的防御能力。

云防火墙对系统面临的所有风险进行多点防御，保障系统的正常运行，具体实施步骤如下：

（1）登录云防火墙控制台。在左侧导航栏，选择"攻击防护"→"防护配置"。

（2）在"防护配置"页面的"威胁引擎运行模式"区域选择"拦截模式"。

（3）在"防护配置"页面的"基础防御"区域中单击开启基础规则，如图 8-14 所示。

图 8-14　开启基础规则

（4）在"防护配置"页面的"虚拟补丁"区域中单击开启补丁，如图 8-15。

图 8-15　开启补丁

8.4.2　使用云防火墙阻止安装非法工具

Nmap、Masscan、Pnscan 通常用于对互联网进行大规模扫描，Netcat 通常用于端口监听、后门连接等。云防火墙可针对此类工具的非法安装情况进行识别和管控。

安装非法工具有可能导致以下问题：

（1）企业内部员工下载并安装非法工具后，可通过该工具对企业的内部资产或外部资产进行绘制，将内部网络拓扑透露给外部人员或进行其他违规操作。

（2）黑客入侵到内部网络后，可以通过 yum、apt-get 安装非法工具，绘制内部网络拓扑进而横向移动、安装后门、窃取数据。

（3）蠕虫等病毒入侵主机后，通过脚本下载并安装非法工具，对外部互联网进行扫描，进而批量传播感染大批主机。

正因为如此，如果企业用户需要对云服务器禁用上述非法工具，可以登录云防火墙控制台，打开"攻击防护"→"防护配置"页面，在"基础防御-自定义选择"页面中，如图 8-16 所示，将与非法工具相关的规则部分或全部开启为拦截模式，有效阻止或缓解非法工具带来的安全风险。

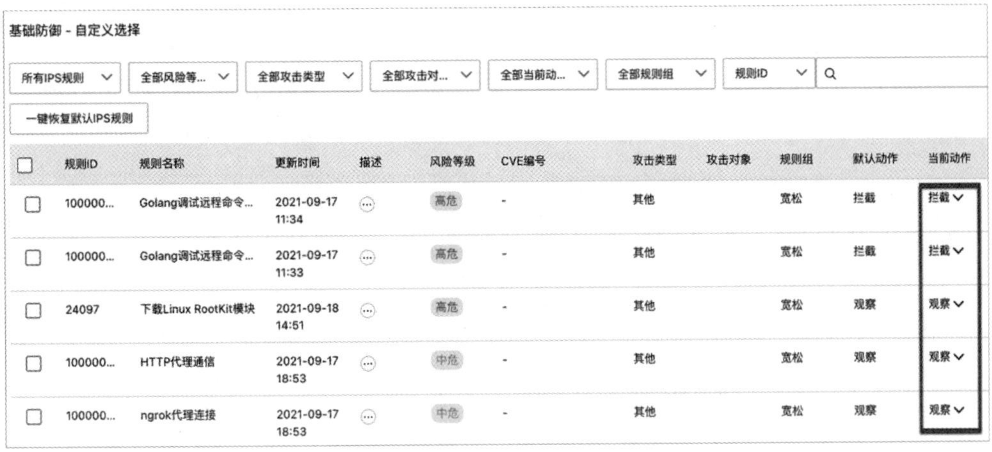

基础防御 - 自定义选择

	规则ID	规则名称	更新时间	描述	风险等级	CVE编号	攻击类型	攻击对象	规则组	默认动作	当前动作
☐	100000...	Golang调试远程命令...	2021-09-17 11:34	⋯	高危	-		其他		宽松	拦截	拦截 ∨
☐	100000...	Golang调试远程命令...	2021-09-17 11:33	⋯	高危	-		其他		宽松	拦截	拦截 ∨
☐	24097	下载Linux RootKit模块	2021-09-18 14:51	⋯	高危	-		其他		宽松	观察	观察 ∨
☐	100000...	HTTP代理通信	2021-09-17 18:53	⋯	中危	-		其他		宽松	观察	观察 ∨
☐	100000...	ngrok代理连接	2021-09-17 18:53	⋯	中危	-		其他		宽松	观察	观察 ∨

图 8-16　开启防护

参考资料

[1] 2021 年中国基础云服务行业数据报告.

[2] 阿里云计算架构百度文库.

[3] 王伟. 云计算原理与实践[M]. 北京：人民邮电出版社.

[4] 中国科学院对分布式计算的定义百度百科.

[5] 本刊编辑部. 神威·太湖之光超级计算机[J]. 中国信息化，2017（01）：48. 中国知网[引用日期 2021-06-24]

[6] 裸金属服务器百度百科.

[7] LXC 容器百度百科.

[8] docker 定义，docker 官网.

[9] 什么是 Kubernetes？Kubernetes 官网.

[10] Kubernetes 组件 Kubernetes 官网.

[11] 公钥是与私钥算法一起使用的密钥对的非秘密一半. 邱卫东. 英汉信息安全技术辞典[M]. 上海：上海交通大学出版社，2015.11，第 489 页

[12] SNMP 协议，百度百科.